沙沱水电站大坝施工技术

武警水电第一总队沙沱工程练兵指挥所 著

中国水利水电出版社
www.waterpub.com.cn
·北京·

内 容 提 要

  沙沱水电站由碾压混凝土重力坝、坝身溢流表孔、左岸引水坝段、坝后厂房及右岸垂直升船机等建筑物组成。本书主要介绍了右岸大坝各建筑物的施工情况及主要施工技术，分析了沙沱水电站右岸大坝的施工特点及难点，全书内容包括二期截流与闭气、基坑土石方开挖、溢流坝碾压混凝土施工、溢流闸墩混凝土施工、预留导流缺口封堵混凝土施工、挡水坝段四级配混凝土施工、通航建筑物本体段混凝土施工、溢流表孔金属结构安装及纵向混凝土围堰拆除工程。

  本书图文并茂、资料翔实，具有较强的实用性，可供从事水利水是工程施工与管理的技术人员使用，也可作为水利水电工程专业教学、科研参考书。

图书在版编目（CIP）数据

沙沱水电站大坝施工技术 / 武警水电第一总队沙沱
工程练兵指挥所著. -- 北京 ：中国水利水电出版社，
2016.10
 ISBN 978-7-5170-4815-2

 Ⅰ．①沙… Ⅱ．①武… Ⅲ．①水力发电站－大坝－工
程施工－研究－沿河土家族自治县 Ⅳ．①TV752.734

中国版本图书馆CIP数据核字(2016)第247058号

书 名	**沙沱水电站大坝施工技术** SHATUO SHUIDIANZHAN DABA SHIGONG JISHU
作 者	武警水电第一总队沙沱工程练兵指挥所 著
出版发行	中国水利水电出版社 （北京市海淀区玉渊潭南路1号D座 100038） 网址：www.waterpub.com.cn E - mail：sales@waterpub.com.cn 电话：(010) 68367658（营销中心）
经 售	北京科水图书销售中心（零售） 电话：(010) 88383994、63202643、68545874 全国各地新华书店和相关出版物销售网点
排 版	中国水利水电出版社微机排版中心
印 刷	北京嘉恒彩色印刷有限责任公司
规 格	184mm×260mm 16开本 13.5印张 254千字 4插页
版 次	2016年10月第1版 2016年10月第1次印刷
印 数	0001—2000册
定 价	**58.00元**

沙沱水电站上游全景

沙沱水电站下游全景

二期截流成功

大倾角皮带机输送碾压混凝土

溢流坝碾压混凝土施工

溢流闸墩施工

四级配碾压混凝土上坝施工

升船机本体段（承船厢室）墙体施工

表孔闸门安装　　　　　　　　　　　大跨度坝顶门机安装

度汛抢险

下闸蓄水成功

武警水电指挥部及总队首长现场检查指导工作

沙沱水电站建设公司领导现场检查指导工作

蒋廷军，1969 年 12 月出生，男，广西兴安人，本科学历，高级工程师。在国内公开发行的期刊上发表了《纵向围堰水下混凝土施工技术》《基础岩溶通道堵漏施工技术》《大倾角皮带机在碾压混凝土运输中的研究与应用》《沙沱大坝碾压混凝土高温季节温控措施》《混凝土围堰爆破拆除应急抢险技术》等多篇施工技术论文；作为主要完成人，《一种能输送碾压混凝土的大倾角波状挡边带式输送机》于 2011 年获实用新型专利、《大倾角皮带机在碾压混凝土运输中的研究与应用》及《大型表孔闸门快速安装技术研究与应用》分别获得电力建设科学技术成果二等奖、三等奖。自大学毕业后，一直从事水利水电工程建设和管理工作，担任过项目总工及支队总工程师等职务，先后参加了广西天生桥一级、二级水电站、广西龙滩水电站、贵州乌江沙沱水电站等水电站主体工程的施工建设，并参与了四川亭子口、黄金坪、云南苗尾水电站等多项工程建设的施工技术咨询工作，主要从事水工隧洞、混凝土大坝、通航建筑、公路、边坡开挖及支护等项目施工，在水利水电工程建设方面积累了丰富的施工经验。

现任中国人民武装警察部队水电第一总队高级工程师。

李春贵，1971 年 2 月出生，男，广西临桂人，工程硕士，高级工程师。在国内公开发行的期刊上发表了《广西长洲水利枢纽船闸工程抗滑桩施工》《当前国内在建最大船闸工程的质量管理》《弧形闸门支铰座埋件快速安装实例》《贵州乌江沙沱水电站溢流坝闸墩预应力锚索设计方案优化》等多篇施工技术与管理论文。参与集体攻关研制的"一种能输送碾压混凝土的大倾角波状挡边带式输送机"于贵州乌江沙沱水电站成功使用，获得中国电力建设科技成果二等奖和国家发明专利；

组织攻关的"大型表孔闸门快速安装技术研究及应用"，荣获了国家电力建设科技进步三等奖。大学毕业后，一直从事水利水电工程建设，先后参与了中山包水电站、龙滩水电站、梧州长洲水利枢纽、阿海水电站、贵州沙沱水电站等多个项目的工程建设，先后担任了多个项目工程建设的总工程师和项目经理，积累了一定的施工管理技术和经验。

现任中国人民武装警察部队水电第一总队副总工程师。

本书编撰委员会

主任委员：范天印

副主任委员：李虎章

委　　员：（按姓氏笔画排序）

马红坤　王永兴　王亚辉　王　俊　韦丽娜　田战锋

孙美燕　刘双才　李春贵　陈　雄　何　起　罗义刚

赵文飞　侯国锋　郭世强　蒋廷军　魏学文

主　　编：蒋廷军　李春贵

主要撰稿人：（按姓氏笔画排序）

马红坤　王永兴　王亚辉　王　俊　田战锋　孙美燕

刘双才　李春贵　何　起　赵文飞　侯国锋　蒋廷军

王　志　吴维明

序

 沙沱水电站拦河大坝为全断面碾压混凝土重力坝，最大坝高101m，坝顶全长631.00m，电站装机1120MW，枢纽由碾压混凝土重力坝、坝身溢流表孔、坝后厂房及右岸垂直升船机等建筑物组成。中国人民武装警察部队水电第一总队承担了右岸大坝及通航建筑的工程施工任务，涵盖了施工导截流、土石方工程、混凝土工程、基础处理工程、表孔金属结构安装工程、升船机土建结构工程等。经三百余名参建官兵九年多的建设，工程于2013年4月20日下闸蓄水、2013年6月机组全部投产发电，实现了建设方工期调整后的节点目标。本着"建一座电站、树一座丰碑、育一批人才、交一帮朋友"的建设目标，在工程截流时间推迟、工程施工过程中工期一再进行调整，工程施工时断时续的情况下，克服了2008年年初凝冻灾害、右岸基坑深层岩溶通道渗漏涌水、2008年11月枯期超标洪水、库区移民安置工作滞后等多方面客观因素的影响，加大措施、强化保障、攻坚克难，实现了工程施工安全、质量及调整后的工期目标。在施工安全管理、施工质量控制方面结合工程实际，制定了一系列行之有效的方法、措施，安全、质量始终处于受控状态。在施工技术方面，积极创新，开发应用的大倾角皮带机输送碾压混凝土、架桥机吊运安装大型表孔闸门，以及四级配碾压混凝土上坝施工等施工新技术、新方法、新工艺，不仅解决了施工过程中的技术难题，同时有着良好的社会和经济效益。

 我国碾压混凝土筑坝技术自20世纪80年代引进以来，经过三十多年的研究应用，已形成了一整套完整的碾压混凝土施工工法及工艺，在碾压混凝土入仓方式上，汽车直接入仓、长距离胶带机运输入仓、满管溜槽入仓等大量运用于工程实践，埋设冷却水管、仓面喷雾等温控工艺措施的应用，形成了具有我国特点的碾压混凝土施工技术。在沙沱水电站大坝碾压混凝土施工中，经相关科研单位的试验论证，在国内首次采用四级配碾压混凝土上坝施工，与常规三级配碾压混凝土筑坝相比，四级配碾压混凝土施工中由于胶材用量减少，水化温升降低，可有效简化温控措施，施工中铺筑层厚增加至50cm，减少了层面、提高了施工速度，充分发挥了碾压混凝土连续浇筑、快速上升的技术经济优势，进一步提高了生产效率。针对沙沱水电站坝区极端气温高、且持续时间长，除采用常规碾压混凝土温控措施外，采取碾压混凝土仓面搭设遮阳棚的施工技术措施，极为有效地降低了仓面气温、强烈日晒，同时根据各部位混凝土内部温度监测情况，实施个性化通水冷却，有效控制混凝土内外温差，碾压混凝土的施工质量得到了更可靠的保证，为类似工程提供了成功经验。根据目前国内碾压混凝土大坝施工中碾压混凝土运输入仓方法，研究应用了一种适合场地狭小、功耗低的碾压混凝土水平、垂直运输入仓措施——大倾角皮带机式输送法。通过结构性能分析及工程实践证明可以进一步在类似工程中推广使用，为碾压混凝土入仓提供一种新型的解决方案。

随着调整转型的结束，如何突出抓好以专业技术能力和装备能力为核心的专业抢险能力建设，培养一支经验丰富的专业技术干部队伍是当前部队所面临的一项迫切任务。各种自然灾害的频繁发生使部队承担应急救援任务已进入常态化，而多样化的任务需求对部队的专业化技术水平也提出了更高的要求。为此，更要加快施工技术成果向应急救缓技战法的转化，通过研究、发展创新，完善应急救缓技术体系，充分发挥专业化抢险部队的技术优势，为维护国家安全和社会稳定作出积极贡献。

2016 年 8 月

前　言

　　沙沱水电站位于贵州省沿河县境内，下游为有彭水水电站，上游为思林水电站，是乌江流域梯级开发的第九级。水库正常蓄水位 365.00m，相应库容 7.70 亿 m³，总库容 9.10 亿 m³；电站装机 1120MW，多年平均发电量 45.52 亿 kW·h；枢纽由碾压混凝土重力坝、坝身溢流表孔、左岸引水坝段、坝后厂房及右岸垂直升船机等建筑物组成。坝顶全长 631.00m，坝顶高程 371.00m，最大坝高 101m，从左到右依次为，左岸挡水坝段、厂房取水坝段、电梯井坝段、溢流坝段、右岸升船机坝段和右岸挡水坝段。

　　工程施工导流方式：利用礁滩作纵向围堰，前期选用左岸明渠导流的方式，中、后期则采用在坝体上预留导流底孔、缺口，汛期洪水由坝体导流底孔及缺口联合下泄的导流方式。

　　工程采用宽尾墩与库式消力池联合运用的消能型式，宽尾墩布置于溢流堰面后段的闸墩后缘。溢流表孔共 7 孔，布置在河床中部主河道上，每孔净宽 15m，闸墩宽 5.0m，溢流前沿总宽 143m，堰顶高程 342.00m。

　　引水发电系统布置于河床左岸，采用一机一管供水方式，由引水渠、进水塔、混凝土渐变段和压力钢管四部分组成，单机引用流量 491.40m³/s。进水口前沿宽 130.10m，通过四条压力钢管单元引水至发电厂房，钢管采用坝后背管型式。

　　通航建筑物采用垂直升船机型式，布置于溢流坝段的右侧，靠岸边，为 500t 级，船厢运行空间尺寸为 70.1m×17.6m（长×宽）。

　　沙沱水电站工程历经近 9 年的建设，克服了一道道技术难题和各种客观因素的影响，如期实现了工程施工建设目标。为提高部队的抢险技术水平，更好地履行职能使命，对沙沱水电站大坝施工技术进行总结并编撰本书，以予同行交流。本书共分十章，第一章绪论部分介绍了沙沱水电站的总体情况，着重概述了工程的施工特点与难点以及主要施工业绩；第二章至第十章，分别就主工施工项目二期截流与围堰闭气、基坑土石方开挖、溢流坝碾压混凝土、溢流闸墩混凝土、预留导流缺口封堵混凝土、挡水坝段四级配碾压混凝土、通航建筑物本体段混凝土、溢流表孔金属结构安装及纵向混凝土围堰拆除工程的基本概况、具体施工方案及方法、实际施工方案与施工方法的优点与缺点分析、经验及体会进行了介绍，并着重对工程施工建设中的新技术、新方法、新工艺及质量控制的重点进行了阐述；最后附录部分包括施工大事记及主要科技成果。

本书在出版过程中得到了武警水电第一总队范天印总队长的大力支持与鼓励；武警水电第一总队李虎章总工程师给予了全程的技术指导；武警水电三支队全体参建官兵在书稿的编撰过程给予了全力的支持与配合。在此向他们一并表示诚挚的感谢。

限于作者的专业水平和及工作经验的局限性，书中不足之处在所难免，恳请读者批评指正并提出宝贵意见。

作者

2015 年 12 月

目　录

第一章 绪 论

第一节 沙沱水电站工程简介

沙沱水电站位于贵州省沿河县城上游约 7km 处，距贵阳市 442km，距遵义市 266km，至乌江口河道里程为 250.5km，下游有彭水水电站，上游为思林水电站，是乌江干流开发选定方案中的第九级，其规模为Ⅱ等大（2）型（图 1-1）。电站水库正常蓄水位 365.00m，相应库容 7.70 亿 m^3，总库容 9.10 亿 m^3，其中，防洪库容 2.09 亿 m^3，调节库容 2.87 亿 m^3，属日调节水库；电站装机 1120MW，多年平均发电量 45.52 亿 $kW \cdot h$；通航建筑物按四级航道设计，过坝船舶吨位 500t 级，年过坝能力为 330 万 t，大坝防洪标准按

图 1-1 沙沱水电站地理位置图

500 年一遇洪水设计，2000 年一遇洪水校核；枢纽由碾压混凝土重力坝、坝身溢流表孔、左岸引水坝段、坝后厂房及右岸垂直升船机等建筑物组成。

拦河大坝为全断面碾压混凝土重力坝，坝顶高程 371.00m，河床最低建基面高程 270m，最大坝高 101m，基础最宽处 73.125m，坝顶宽 10m。从左到右依次为左岸挡水坝段、厂房取水坝段、电梯井坝段、溢流坝段、右岸升船机坝段和右岸挡水坝段。坝顶全长 631.00m，其中左岸挡水坝段长 161.78m，取水坝段长 130.10m，电梯井坝段长 14.12m，溢流坝段长 143.00m，升船机坝段长 48.50mm，右岸挡水坝段长 133.50m。

根据地形地质条件，坝轴线为折线形布置，坝轴线方位 N43°W，左坝端至 0+126m 桩号向上游折转至 N73°W 以适应左岸地形，结合坝体结构布置及碾压混凝土的施工条件，大坝共设 16 个坝段。各坝段最大长度 61.00m，最小长度 29.00m（图 1-2）。

溢流表孔共 7 孔，布置在河床中部主河道上，每孔净宽 15m，闸墩宽 5.0m（边墩宽 4.0m），溢流前沿总宽 143m，堰顶高程 342.00m。溢流表孔最大下泄流量 32019m³/s，最大单宽流量 304.76m³/s。

工程采用宽尾墩与戽式消力池联合运用的消能型式，宽尾墩布置于溢流堰面后段的闸墩后缘。

消力池护坦顺下游河道布置，护坦长度为 100m，宽 135m，护坦开挖高程 282~284m，护坦顶高程 287m。

引水发电系统布置于河床左岸，采用一机一管供水方式，由引水渠、进水塔、混凝土渐变段和压力钢管四部分组成，单机引用流量 491.40m³/s。引水轴线方位（N47°E）与坝轴线垂直。进水口前沿宽 130.10m，通过 4 条压力钢管单元引水至发电厂房，钢管采用坝后背管型式，引水管路总长 117.50m。

厂区枢纽主要由主机间、左端安装间、上游副厂房、上游主变室及 GIS 开关站、左端上游中控楼、下游副厂房、下游尾水平台、尾水渠及进厂交通等建筑物组成。

主厂房由主机间、安装间组成，总长 193.3m，高 73.85m，宽 35.5m。厂内安装 4 台单机容量 280MW 的水轮发电机组，机组安装高程 285.4m，发电机层高程 306.5m。

通航建筑物采用垂直升船机型式，布置于溢流坝段的右侧，靠岸边，为 500t 级，通过的标准船舶尺寸为 55m×10.8m×（1.6~2.0m）（长×宽×吃水深），承船厢有效水域为 64m×12m×2.5m（长×宽×水深），承船厢外形尺寸 68m×16m×6.5m（长×宽×高），船厢运行空间尺寸为 68.1m×16.8m（长×宽）；通航净空 9.6m，本体段设备层高程 377.0m（图 1-3 和图 1-4）。

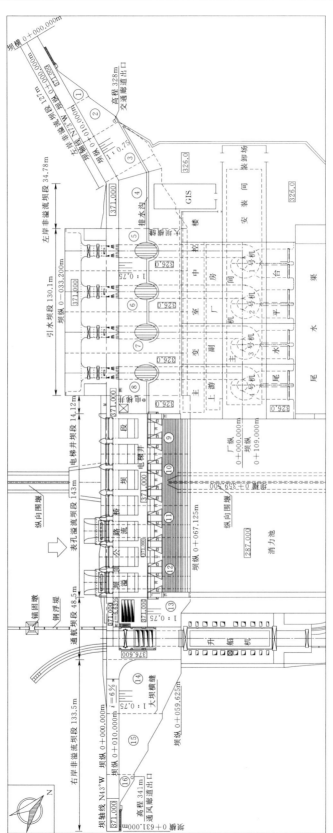

图 1-2 乌江沙沱水电站枢纽平面布置图

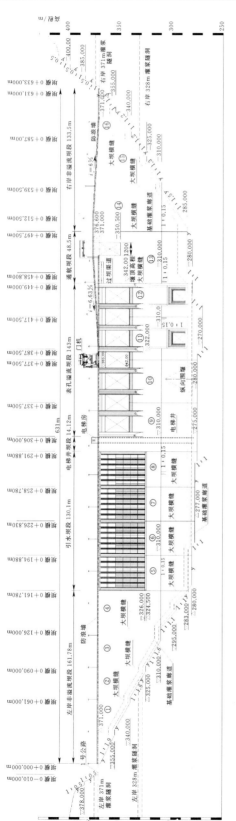

图 1-3 乌江沙沱水电站上游立视图(沿坝轴线展开)

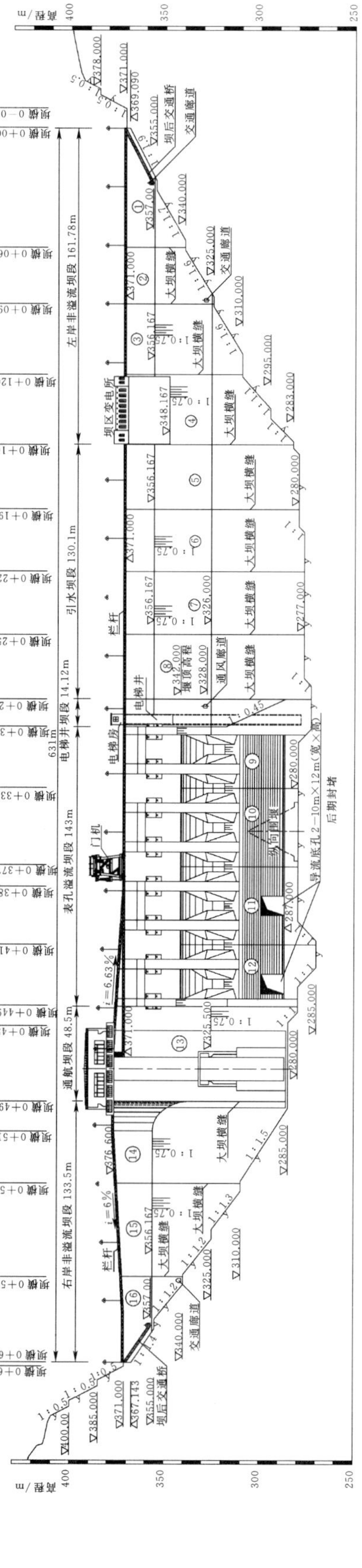

图 1-4 乌江沙沱水电站下游立视图(沿坝轴线展开)

工程施工导流方式：利用礁滩作纵向围堰，前期选用左岸明渠导流的方式，中、后期则采用在坝体上预留导流底孔、缺口，汛期洪水由坝体导流底孔及缺口联合下泄的导流方式。

第二节 工程自然条件

一、气象条件

流域属亚热带季风气候区。冬季主要受西伯利亚冷气流的影响，夏季受印度洋孟加拉湾的西南暖湿气流和西太平洋的海洋性气候影响。流域内雨量丰沛。

流域气候温和湿润，多年平均相对湿度一般在 76％ 以上。根据沿河站 1957—1993 年（1972 年缺测）36 年资料统计，多年平均相对湿度为 77％，多年月平均以 10 月最大为 81％，二月最小为 74％。历年定时观测最小相对湿度是 14％。

沙沱坝、厂址风向、风速采用同处于河谷的沿河气象站的资料，据 1957—1993 年共 37 年资料统计，其多年平均风速为 0.7m/s，实测最大风速为 25m/s，相应风向为 E。根据 1957—1993 年共 37 年资料统计，多年平均远近雷暴日为 46.5d，7 月最多为 9.0d，12 月最少为 0.4d。

根据 1957—1993 年共 37 年资料统计，多年平均气温 17.5℃，实测极端最高气温 42.0℃（1981 年 8 月 8 日），实测极端最低气温 −5.4℃（1977 年 1 月 30 日）。历年各月极端最高气温平均为 34.8℃，年内分布以 7 月、8 月最高，1 月最低；历年各月极端最低气温平均为 5.7℃，年内分布以 7 月、8 月最高，1 月最低。最热月（7 月）多年平均气温为 28.0℃，最冷月（1 月）多年平均气温为 6.4℃。沿河站气温统计表见表 1-1。沿河站地温及水温统计表见表 1-2。

表 1-1　　　　　　　　沿河站气温统计表　　　　　　　　单位：℃

项目	1月	2月	3月	4月	5月	6月	7月	8月	9月	10月	11月	12月	全年
多年平均	6.4	7.7	12.2	17.6	21.6	24.9	28.0	27.7	24.0	18.3	13.3	8.5	17.5
极端最高气温	24.6	28.6	32.7	35.6	39.1	39.9	41.6	42.0	38.4	36.6	32.7	25.2	42.0
相应日期	23	10	26	16	06	21	27	08	10	12	08	05	8/8
相应年份	1972	1962	1973	1958	1988	1981	1971	1981	1990	1985	1979	1968	1981
极端最低气温	−5.4	−3.1	0.0	1.8	9.0	13.9	18.3	17.5	13.0	7.0	−0.3	−3.5	−5.4
相应日期	30	08	10	02	08	04	28	2D	24	29	30	16	30
相应年份	1977	1974	1974	1972	1960	1961	1992	2Y	1977	1957	1962	1975	1977

注　2D 为有两天达到极端最低气温；2Y 为有两年达到极端最低气温。

表 1-2   沿河站地温及水温统计表   单位：℃

项目	1月	2月	3月	4月	5月	6月	7月	8月	9月	10月	11月	12月	全年
地面均温	7.1	8.5	13.3	19.4	24.2	27.9	32.6	32.4	27.0	20.3	14.4	9.0	19.7
极端最高温度	37.5	38.5	51.0	55.8	62.9	65.0	70.2	73.2	67.5	55.8	43.4	41.5	55.2
极端最低温度	−6.4	−6.8	−3.7	0.8	8.4	13.3	17.7	16.4	10.9	4.3	−1.4	−9.1	3.7
5cm 平均	7.4	8.5	12.9	18.4	22.7	26.6	30.4	30.6	26.2	20.1	14.5	9.5	19.0
10cm 平均	7.9	8.8	12.9	18.2	22.4	26.3	30.2	30.5	26.4	20.1	15.1	10.1	19.1
15cm 平均	8.2	9.0	12.8	18.0	22.3	26.0	29.8	30.4	26.5	20.7	15.4	10.5	19.1
20cm 平均	8.7	9.3	12.5	17.9	22.2	25.6	29.5	30.0	26.3	21.0	16.0	11.1	19.2
平均水温	12.7	13.0	15.3	18.4	20.6	21.7	23.3	23.7	22.5	20.0	17.3	14.4	18.6

注 表中地温为沿河站统计，水温因沿河站无水温观测资料，根据上游思南水文站统计。

沙沱坝址以上多年平均降水量为 1091mm。降水年内分配很不均匀，5—8月降水量占全年的 58.1%，4—10 月降水量占全年的 85.1%。年内各月降水占全年的百分比以 6 月的比重最大，为 17.4%。全年降水量见表 1-3。

表 1-3   沙沱坝址以上流域多年平均降水量表

项目	1月	2月	3月	4月	5月	6月	7月	8月	9月	10月	11月	12月	全年
降水量/mm	24.0	24.0	40.4	99.3	163.7	189.6	148.4	132.0	103.6	91.6	51.3	22.9	1091.0
占全年/%	2.2	2.2	3.7	9.1	15.0	17.4	13.6	12.1	9.5	8.4	4.7	2.1	100

据 1957—1993 年（其中 1962—1968 年 7 年缺测）共 30 年资料统计，并由 $\varphi20$ 换算成 E601，得多年平均水面蒸发量为 753.8mm，最大年蒸发量为 912.6mm（1990 年），最小年蒸发量为 453.7mm（1982 年）。年际之间相差不大，年内分配极不均匀，各月蒸发量中最大值为 193.4mm（1990 年 8 月），最小值仅 13.3mm（1957 年 1 月）。多年月平均值以 8 月最大，1 月最小。沿河站水面蒸发（E601）统计见表 1-4。

表 1-4   沿河站水面蒸发（E601）统计表

项目	1月	2月	3月	4月	5月	6月	7月	8月	9月	10月	11月	12月	全年
平均值/mm	23.1	27.4	43.3	63.8	74.6	81.1	121.3	125.0	85.7	51.0	32.1	25.4	753.8
占全年/%	3.1	3.6	5.7	8.5	9.9	10.8	16.1	16.6	11.4	6.8	4.3	3.4	100
最大值/mm	32.0	40.1	54.9	85.9	104.5	126.1	174.3	193.4	128.7	73.4	55.1	38.7	912.6
相应年份	1979	1981	1975	1979	1986	1961	1978	1990	1990	1979	1988	1973	1990
最小值/mm	13.3	14.2	24.0	41.1	48.8	52.3	76.6	67.4	48.4	32.3	17.6	17.9	453.7
相应年份	1957	1959	1985	1982	1959	1982	1987	1993	1982	1981	1978	1959	1982

二、水文条件

沙沱坝址位于沿河县城上游 7.0km，距坝址最近的国家基本水文站为思南水文站。该站控制流域面积 51270km²，思南站—坝址区间面积 3238km² 为思南站的 6.3％。此外，沿河县城设有沿河专用水文站（控制流域面积 55237km²）是长江水利委员会为下游彭水水电站设计而设立的专用入库控制站。

沙沱坝址距乌江出口河道里程为 250.5km，坝址以上控制流域面积 54508km²，占全流域的 62％，坝址河段多年平均流量 966m³/s，每年汛期一般是 5—10 月，枯期为 11 月至翌年 4 月。在 61 个水文年系列中，沙沱坝址、思林—沙沱区间最大年平均流量均出现在 1954 年 5 月至 1955 年 4 月，其值分别为 1620m³/s 和 192m³/s；最小年平均流量均出现在 1966 年 5 月至 1967 年 4 月，其值分别为 544m³/s 和 58.4m³/s。沙沱坝址、思林—沙沱区间最大年平均流量与最小年平均流量的比值分别为 2.98 倍和 3.29 倍，说明径流的年际变化较小。多年各月平均流量见表 1-5，沙沱施工设计洪水成果见表 1-6，坝址洪峰流量见表 1-7，坝址、厂址（天然）水位流量关系见表 1-8，各月平均流量（天然）频率计算成果见表 1-9。

表 1-5　　　　　　　　多 年 各 月 平 均 流 量　　　　　　　单位：m³/s

月份	1	2	3	4	5	6	7	8	9	10	11	12
流量	289	286	310	580	1280	2160	1970	1450	1180	100	606	359

表 1-6　　　　　　　　沙沱施工设计洪水成果表　　　　　　　单位：m³/s

站名	沙沱坝址		
施工时段	11 月 1 日至 5 月 20 日	11 月 1 日至 5 月 10 日	11 月 1 日至 4 月 30 日
5％	5930	5990	5890
10％	5830	4810	4590
20％	4660	3740	3320

表 1-7　　　　　　　　坝 址 洪 峰 流 量

频率/％	0.02	0.05	0.1	0.2	0.5
入库洪峰流量/（m³/s）	35300	32400	30100	27900	24900
频率/％	1	2	5	10	20
入库洪峰流量/（m³/s）	22700	20300	15700	14800	11000

表1-8　　　　　　　坝址、厂址（天然）水位流量关系表

水位/m	流量/(m³/s)	水位/m	流量/(m³/s)	水位/m	流量/(m³/s)	水位/m	流量/(m³/s)
290	190	301	7092	312	15748	323	26546
291	554	302	7790	313	16652	324	27672
292	1044	303	8493	314	17572	325	28842
293	1645	304	9208	315	18516	326	30041
294	2305	305	9948	316	19476	327	31276
295	2976	306	10718	317	20445	328	32536
296	3656	307	11519	318	21420	329	33874
297	4337	308	12334	319	22413	330	35264
298	5021	309	13164	320	23418	331	36810
299	5708	310	14004	321	24435		
300	6398	311	14868	322	25460		

表1-9　　　　沙沱坝址各月平均流量（天然）频率计算成果表

月份	各频率设计值/(m³/s)		月份	各频率设计值/(m³/s)	
	10%	20%		10%	20%
1	695	502	6	3560	2980
2	451	369	10	1600	1260
3	492	392	11	985	778
4	1010	795	12	546	457
5	1910	1650			

三、地形地质条件

（一）地形地貌

沙沱水电站坝址位于沙沱大桥上游约600m处，河道平直，呈较开阔的V形，流向N47°E。枯期河水位高程288.50m，河水面宽135m；坝顶高程371m处河谷宽580m。

河床主流线在右侧且为深槽，槽宽约28m，水深9m，槽底高程为279.50m；左侧河床为基岩礁滩，宽约109m，高程288.4～289.2m，枯期部分礁滩露出水面。河水面至330m高程为陡岸，左岸岸坡35°，右岸稍陡，坡角50°；330～340m高程为宽阔的Ⅰ级基座阶地，左、右岸阶地面宽分别为160m、60m；阶地后缘为斜坡，左岸山坡坡角28°～33°，右岸山坡坡角32°～37°，左缓右陡。

（二）地层岩性

坝址区出露基岩为奥陶系桐梓组（O_1t）至志留系龙马溪群（S_1Ln）地层，岩性包括灰岩、白云质灰岩、泥灰岩、页岩、砂岩等，沉积韵律明显。第四系零星分布，以残坡积、冲积层为主，多见于Ⅰ级阶地和河床中。各地层厚度及岩性见表1-10。

表 1－10   坝址区地层岩性汇总表

地层代号				地层代号	地层厚度/m	分层厚度/m	岩性描述
系	统	组	段				
第四系				Q^{el}	3.0～12.6	3.0～12.6	残积黏土夹少量碎石。左岸 0.3～11.2m，右岸 0.2～9.0m
				Q^{al}	0.73～4.6	0.73～4.6	粉细砂夹卵砾石、亚砂土及砂质黏土
志留系	下统	龙马溪群		S_1Ln		未见顶	灰、灰绿色钙质砂岩，厚 22.50m，下部为炭质页岩，底部有 0.6m 炭质灰岩。总厚度 32.10m，未见顶
奥陶系	上统	五峰组		O_3w	5.7	5.7	黑色炭质页岩与硅质页岩
		涧草沟组		O_3j	6.0	6.0	灰、灰绿色中厚层瘤状泥灰岩、泥质灰岩，顶部瘤状变小，风化后似页岩
		宝塔组		O_2b	39.9	39.9	灰红、灰绿色中厚层龟裂纹灰岩夹灰绿色瘤状泥质灰岩
		十字铺		O_2sh	15.4	15.4	浅灰色厚层块状细晶灰岩
	中统	湄潭组	第三段	O_1m^3	62.2	18.7	上部为灰色、灰褐色中厚层泥质粉砂岩及粉砂质泥岩，下部为黄绿色中厚层砂岩及钙质粉砂岩夹页岩
						43.5	灰色薄层至中厚层砂岩及钙质、泥质砂岩，中部含有密集的灰岩条带，底部为厚约2m的粉砂质页岩
			第二段	O_1m^2	40.7	40.7	上部为灰绿色串珠状泥灰岩与含灰质串珠体页岩不等厚互层；中部为紫色、浅灰色泥灰岩；下部为灰绿色泥灰岩、页岩与深灰色中厚层结晶灰岩互层
			第一段	O_1m^1	64.6	52.1	上部为黄绿色页岩夹粉砂岩，下部为黄绿、灰绿色钙质页岩夹泥灰岩
						12.5	上部为灰色瘤状含泥质灰岩与灰色中厚层生物灰岩互层，下部为黄绿色页岩与灰色薄层生物灰岩互层
		红花园组		O_1h	64.3	40.1	灰色、深灰色中厚层至厚层块状结晶灰岩，含房角石及其他生物碎屑，局部含少量燧石结核
						24.2	灰、深灰色中厚层结晶灰岩夹薄层串珠状含泥质灰岩及数层燧石条带，含生物化石。顶部有 2.1m 的薄层串珠状含泥质灰岩，底部为厚 5.8m 深灰色厚层块状结晶灰岩

续表

地层代号				地层代号	地层厚度/m	分层厚度/m	岩性描述
系	统	组	段				
奥陶系	中统	桐梓组	第二段	O_1t^{2-3}	34.2	5.4	深灰色中厚层、厚层粗晶灰岩，顶部为0.3m灰色薄层串珠状含泥质灰岩，底部有0.4m灰黑色泥岩
						28.8	灰、灰白色中厚层、厚层灰岩、白云质灰岩与灰质白云岩互层，自上而下白云质成分递增
				O_1t^{2-2}	84.9	1.8	灰色薄层、极薄层泥灰岩、含泥质灰岩与页岩互层
						34.2	灰、灰白色中厚层、厚层灰岩、白云质灰岩与灰质白云岩互层，其下部有少量燧石团块
						22.1	灰、灰白色中厚层、厚层灰岩、白云质灰岩与灰质白云岩互层，偶夹燧石团块，底部有0.2m厚的灰黑色泥页岩
						26.8	灰色、深灰色中厚层灰岩及白云质灰岩与灰质白云岩及白云岩互层，中夹燧石条带及团块
				O_1t^{2-1}	17.2	17.2	灰色、深灰色中厚层结晶灰岩夹薄层含泥质灰岩及数层灰质串珠状页岩
			第一段	O_1t^1	33.8	8.2	灰黑色钙质泥岩
						25.6	深灰色中厚层结晶灰岩，中部夹两层厚约13cm的钙质泥岩，底部见2.4m厚的深灰色生物碎屑灰岩

从寒武系至志留系沉积环境由浅海相渐变为陆缘相，除奥陶系与志留系为平行不整合接触外，其余为整合接触。

根据钻探资料和物探成果，河床冲积物厚0.73～4.62m；左岸阶地残积物厚3～16.2m，右岸3.3～12.20m。

湄潭组第一段（O_1m^1）、桐梓组第一段（O_1t^1）泥页岩、泥岩泥质成分较多，Al_2O_3含量为12.2～16.6%，平均14.4%；桐梓组第二段第一层（O_1t^{2-1}）、第二层（O_1t^{2-2}）、第三层（O_1t^{2-3}）、红花园组（O_1h）地层及桐梓组第一段（O_1t^1）灰岩地层主要为化学沉积，$CaO+MgO$含量为42%～54%，平均50.78%，$Fe_2O_3+Al_2O_3$平均占0.68%，SiO_2平均为4.88%，烧失量平均为41.84%。泥岩地层中SiO_2以石英砂为主，灰岩则以未结晶的蛋白石为主。

（三）地质构造

地质构造有铅厂背斜、NNE 和 NW 向断层。

铅厂背斜轴部通过左岸 I 级阶地后缘，坝址地层产状 N19°E，SE∠20°，倾向下游偏右岸。断层以 NNE 和 NW 向占主导地位，NW 向断层包括 F_{57}、F_2、F_{88}、F_{16}，NNE 向断层有 F_{64}、F_{198}、F_3、F_9、F_8、F_7、f_6、f_{10}、f_{11}、f_{22}等，主要集中在左坝肩及其上游。断层汇总见表 1-11。

表 1-11　　　　　　坝址区断层汇总表

编号	产状	性质	长度/m	断距/m	破碎带宽度/m	断层特征描述
F_{57}	N55°W，NE∠68°	逆断层	600	1~2	2	断层通过原焦化厂和车家河，破碎带为泥钙质胶结，影响带 5m，断层两侧地层明显错断。沿断层有两处小的岩溶泉，流量 0.05~0.5L/s
F_2	N42°W，SW∠75°~80°	逆断层	1900	14	2~3	断层通过沙沱大桥上游 90m，破碎带为泥钙质胶结，影响带宽 10~15m，断层两侧方解石脉密集发育，沿断层无明显的岩溶发育，断层对车家河厂房有影响
F_{88}	N41°W，SW∠75°~83°	逆断层	900	8~12	1~3	通过坝轴线上游 30m，破碎带为含铅锌矿方解石脉，表层有黄色蚀变。左岸地表和右岸河边均有采矿坑，PD12 平硐和 PD5 上游支硐揭露该断层，勘探显示破碎带蚀变严重，呈黄色松散体，该断层在两岸阶地上表现较明显，河床表现不明显
F_{16}	N19°W，NE∠30°~40°	逆断层	450	5~8	0.3~0.5	通过左坝端枕子头村，破碎带为泥钙质胶结，影响带宽 2~3m，两侧有牵引褶曲和揉皱发育
F_{64}	N31°E，SE∠65°	逆断层	180	20	1	通过焦化厂后侧山顶，两端被 F_{57} 和 F_2 断层截断，破碎带为泥钙质胶结，影响带宽 3m，地表两侧岩性不一致
F_{197}	N14°E，SE∠50°	逆断层	2500	70	1~2	通过沙沱大桥下游左岸湄潭组地层，断层破碎带为泥钙质胶结，影响带宽 2~4m，近断层两侧岩层产状有变异
F_{198}	N15°E，SE∠75°~80°	正断层	1500	90	2~3	断层通过车家河左岸和沙沱大桥下游左岸岸边，主要为志留系和湄潭组碎屑岩，破碎带为泥钙质胶结，影响带宽 10m，车家河口和乌江岸边受断层影响地层产状有陡立现象和岩层垮塌

编号	产状	性质	长度/m	断距/m	破碎带宽度/m	断层特征描述
F_3	N15°E～22°，SE∠60°～80°	正断层	1600	3～5	0.2～0.8	通过阶地后缘的低山和河谷斜交，由南向北断距渐小，至下坝址尖灭。破碎带由钙质胶结，影响带宽 2～5m，两侧岩层产状无变异
f_6	N35°E，NW∠85°	左行压扭	180	10	0.3	地勘基地岸边，断层和岸坡斜交，破碎带由灰岩角砾组成，裂开宽 2.5m，形成 2 号危岩体，两侧影响带宽共 2m
F_7	N30°E，NW∠55°	左行压扭	480	50（∥），2～13（⊥）	0.1	左岸坝址上游，通过 O_1t、O_1h 硬质岩地层，破碎带呈细缝状，钙质胶结，影响带宽 1m，两侧岩层产状无变化，岸边 J4 夹层明显错断
F_8	N11°E～30°，NW∠50°～55°	左行压扭	430	15（∥），8～12（⊥）	0.8～1.2	F_7 断层下游，与 F_7 近平行，破碎带由钙质胶结，影响带宽 1～2m，其余性质同 F_7
F_9	N20°E～30°，NW∠65°	左行压扭	440	8～10（∥），15～20（⊥）	0.5～1.8	左岸坝址上游，与左坝肩斜交，断层带为粗大方解石脉，PD12 平硐中可见其错断 F_{88}，两断层交汇位置岩体破碎，并有方铅矿晶粒，岸边错断 J4 夹层
f_{10}	N28°E，NW∠45°	正断层	95	1～2	0.1	位于左坝肩，断层面为一层面状细缝，两侧破碎带及影响带极小，该处岩层产状混乱，岩体不完整
f_{11}	N30E°，NW∠35°	性质不明	87	断距不详	0.1～0.2	位于左坝肩，断层带为细缝状或完整灰岩，无侧无影响带。该位置岩层产状混乱
f_{12}	EW，N∠80°	正断层	106	0.2～0.4	0.1～0.3	左坝肩，断层带为方解石脉，影响带宽 1m，断层上游地层产状差异于区域产状
f_{13}	N25°E，NW∠70°	正断层	322	0.5～1.0	0.1～0.3	左岸坝址下游，断层带为完整的灰岩和方解石脉，对断层两侧无影响
f_{14}	N25°E，NW∠80°	正断层	172	1.3	0.1～0.2	左岸坝址下游，断层带为灰岩角砾，胶结完好，对断层两侧无影响
f_{15}	N35°E，NW∠60°	正断层	158	2.0～3.0	0.1	左岸坝址下游，断层带为方解石脉胶结的细缝，影响带宽 2m
f_{16}	N35°E，SE∠80°～85°	正断层	100	0.5～1.0	0.2～2.0	断层破碎带中宽 2.0m，向两端尖灭，破碎带为方解石脉胶结的断层角砾，两侧影响带宽共 10m

续表

编号	产状	性质	长度/m	断距/m	破碎带宽度/m	断层特征描述
f_{17}	N15°E，SE∠50°	逆断层	91	0.1	0.05～0.10	坝址右岸岸边，破碎带呈细缝状方解石脉，两侧无影响带
f_{18}	N12°E，SE∠43°	逆断层	84	<0.5	<0.1	坝址右岸岸边，断层面为一细缝，宽2～3cm，两侧无影响带
f_{19}	N25°E，NW∠65°	逆断层	195	<0.5	0.05～0.30	右坝肩，破碎带呈细缝状方解石脉，两侧无影响带
f_{20}	N0°～14°E，SE∠32°	逆断层	60	<0.5	<0.1	右坝肩，断层面为一细缝，两侧无影响带
f_{21}	N15°E，NW∠65°	正断层	100	0.5	0.1～0.2	右坝肩，破碎带呈细缝状方解石脉，两侧无影响带
f_{22}	N30°E，NW∠35°	正断层	83	<0.5	<0.1	左坝肩，至河床形成凹槽，两侧地层产状差异较大，靠河一侧与区域地层产状一致，另一侧则相反，该断层至岸边地表岩层产状均比较混乱

（四）物理地质现象

主要物理地质现象主要有卸荷、崩塌、岩石（体）风化及夹层夹泥。

由于河谷宽缓，坝址区重力作用所形成的物理地质现象不发育，局部陡坡存在卸荷和危岩体，无影响边坡稳定的大型崩塌体和滑坡体，仅在左岸山坡发育一处小滑坡体。风化深度因地层岩性、地形、溶蚀发育程度而异，Ⅰ级阶地下的风化深度受溶蚀控制。

坝址区河床由红花园组（O_1h）和桐梓组第二段（O_1t^2）中厚层、厚层灰岩、白云质灰岩组成，根据钻孔资料，冲积物厚0.73～4.62m，弱风化深3.0～8.0m。

285m高程至Ⅰ级阶地面均由红花园组（O_1h）和桐梓组第二段（O_1t^2）地层组成，岩体风化与地形、溶蚀密切相关，主要表现为沿溶缝、溶槽的囊状风化，两岸阶地垂直弱风化深30～40m，300m高程上左岸水平弱风化深71～134m，右岸46～81.5m。由于左岸Ⅰ级阶地较右岸宽，因而其溶蚀影响范围也大于右岸，水平风化深度亦然。

两岸阶地以上的缓坡地带从红花园组（O_1h）地层至湄潭组第三段（O_1m^3）地层均有分布，强风化水平深度：湄潭组第一段（O_1m^1）、第三段（O_1m^3）地层17～33m，湄潭组第二段（O_1m^2）地层7.5～33.2m；弱风化水平深度：红花园组（O_1h）地层 $10\sim15m$，湄潭组第一段（O_1m^1）、第三段（O_1m^3）地层 $23.3\sim49m$，湄潭组第二段（O_1m^2）地层 $16.3\sim42.3m$。

坝址区分布 2 号危岩体和 1 号滑坡体，2 号危岩体位于左岸引水明渠进口位置，方量约 $10500m^3$；1 号滑坡体在左岸沙沱二号冲沟上游侧，高程 $420\sim460m$，方量约 2.6 万 m^3，滑坡体形成于 O_1m^1 页岩地层。

坝址区主要裂隙有三组，优势面产状为：①$N20°\sim28°E$，NW（SE）$\angle68°\sim70°$；②$N70°\sim74°W$，SW（NE）$\angle74°$；③SN，E（W）$\angle78°\sim80°$。其中，②组裂隙浅表部溶蚀严重，部分呈溶蚀缝（隙），①组、③组为方解石脉胶结，①组在左岸浅层有少量夹泥。

（五）岩溶水文地质情况

坝址区地下水补给河水，属补给型河谷，地下水靠大气降水分散补给或洼地落水洞集中补给。两岸地下水位均高于或接近同期河水位，地下水以溶蚀裂隙水、岩溶泉等形式排向乌江。乌江为坝址区地表、地下水最低排泄基准面。

坝址区岩溶形态主要包括落水洞、水平溶洞和溶缝（隙）三类。落水洞 24 个，主要分布在Ⅰ级阶地台面，处于充填或半充填状态，消水功能极差。水平溶洞 12 个，高程 300m 左右，充填黏土和碎块石，规模大者洞口有石灰华，仅在暴雨时有水涌出，其余时间无水流。坝址区广泛分布的岩溶形态为溶蚀缝（隙），主要发育于Ⅰ级阶地面之下至 290m 高程（靠河边深至 285m 高程）之间，大部分沿 NW 向构造裂隙发育，宽 $0.5\sim50cm$，最宽者达 1.8m，完全充填或半充填黄色黏土，向上延伸至地面。

据钻探资料，坝区发育溶洞的最低高程为 257.53m（ZK28 号孔内 $257.53\sim259.80m$ 高程），而深达 211m 高程仍可见到充填方解石晶粒的溶蚀裂隙（ZK19 孔 $211.15\sim213.65m$ 高程）。

坝址两岸Ⅰ级阶地位置地下水位低平，反映其溶蚀发育，地下水排泄畅通。暴雨后两岸边沿溶洞、溶蚀裂隙、平硐有多处出水点，其实测雨后最大流量见表 1-12，枯水期干枯。

表 1-12　　　　　　　两岸雨后出水点实测流量表

左岸				右岸			
高程/m	编号	流量/(L/s)	日期	高程/m	编号	流量/(L/s)	日期
294.49	S142	48.30	2004-6-9	301.98	K10	100	2004-6-9
291.83	S141	23.20	2003-7-18	301.38	S140	0.8	变化不大
300.99	PD12	6.04	2004-8-21	297.26	PD5	2.50	2004-8-21
301.36	PD13	4.32	2004-8-21	300.29	PD6	4.20	2004-8-21
301.21	PD14	3.50	2004-8-21	300.56	PD7	88.73	2004-8-21

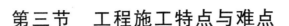

第三节 工程施工特点与难点

本节主要对沙沱水电站大坝土建工程（ST/C3-2-1 标）的具体实施的施工技术进行总结，主要总结的施工项目有：①二期截流与围堰闭气工程；②右岸基坑开挖工程；③溢流坝段工程；④溢流坝闸墩及溢流面工程；⑤通航建筑物升船机工程；⑥预留导流缺口坝段混凝土工程；⑦溢流表孔闸门金属结构安装工程；⑧纵向混凝土围堰拆除工程。

一、工程施工特点

（一）施工极不均衡

本工程导流形式为分期导流，招投标期间，沙沱大坝土建工程为一个标，一期左岸导流右岸施工，汛期右岸坝体过流度汛；二期右岸导流底孔与预留缺口导流，施工左岸，汛期左岸坝体过流；通航建筑本体段及下闸首底板与边墙混凝土分一期、二期施工；大坝混凝土总体施工生产本身就不均衡。合同谈判过程中将大坝分为两个标段施工，分标后，左右岸大坝分成两个独立标段分属不同承包人承建，不均衡施工的问题更加突出。

（二）施工过程中受外界条件影响大，施工工期长

本工程施工过程中受外界条件影响较大，工程开工截流后就遭遇了 2008年初的凝冻灾害；2008 年 3 月 10 日坝段开挖到 285m 高程后，由于基础岩溶裂隙发育，沿裂隙带出现多处大量渗漏涌水。11 号、12 号坝段开挖到 280m 高程后，因坝基岩体溶蚀、裂隙发育，多处发现较大深层渗漏通道，以致 280m 高程以下坝基开挖无法进行，2008 年 8 月堵漏处理完成后，恢复正常施工；2008 年 11 月 2 日，沙沱水电站工地遭遇了 200 年一遇的枯期超标洪水，右岸基坑除 10 号坝段外全部过水；2009 年 4 月 20 日，左岸截流时右岸坝体高程为 299m，导流通道为 2 个导流底孔及 13 号坝段预留过流缺口，因受上游水库及区间洪水影响，水位超过 299m 高程，11 号、12 号坝段坝面过水；2009 年由于厂房坝段抗滑稳定问题，对 6～9 号坝段上游齿槽加深开挖，造成9 号坝段、10 号左坝段工作面（其他单位开挖）移交延迟；从 2010 年 2 月 7日起，由于大坝土建工程两家施工单位同时施工碾压混凝土，砂石骨料供应不足的问题相当严重，尤其是中石、小石和砂的供应更为突出，砂石骨料生产系统的生产能力不能满足同时向两座拌和楼及 2 个仓面混凝土同时施工的生产需求。2011 年 10 月 29 日，13 号坝段备仓完成。由于库区移民复建工程尚未完建，暂不具备移民安置搬迁条件，为保证 2012 年库区移民安全度汛，建设公司决定 13 号坝段缺口封堵暂不实施，造成工期推后一年，受以上各种因素影

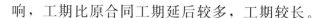

响，工期比原合同工期延后较多，工期较长。

（三）坝址区地质条件复杂

工程所处地区强岩溶地区，断层、岩溶发育，地下岩溶形态表现为落水洞、溶洞、暗河、溶穴及溶蚀孔洞等。河床坝基岩体中发育构造面有断层和小型溶洞。基坑开挖过程中，基岩深层岩溶渗漏涌水问题严重。

二、工程施工重点及难点

（一）工程施工项目点多面广、分布范围大

分标后，本合同工程包括电梯井坝段、溢流坝段、右岸升船机坝段和右岸挡水坝段，以及通航建筑物的本体段、上下游闸首、上下游引航道，有土石方明挖、石方槽挖、碾压混凝土、变态混凝土、常态混凝土浇筑、灌浆，河床截流的设计与施工，平板闸门、弧形闸门及启闭机的安装等多项项目，施工区点多、分布范围大。

（二）工程分多期导流，施工布置困难

由于水流控制分为多期，施工导流采取期坝体汛期过水，坝体缺口与导流底孔联合导流的形式，工程施工受施工导流影响大，由于左、右岸分标施工，施工布置和混凝土运输、入仓困难。

（三）一枯期施工工程量大，工期紧

工程采取分期导流形式，根据招、投标文件的控制工期，一枯二期导流期间，在2008年5月6日（汛前）10号右坝段、11号、12号坝段浇筑至307m高程以上、13号坝段浇筑至预留缺口297m高程，右岸挡水坝段浇筑至307m高程以上，达到2008年度汛形象面貌，汛期左岸明渠、导流底孔及缺口联合导流度汛，汛期停止施工，右岸河床坝段只有约5个月时间，在完成右岸基坑土石方开挖后，要完成常态混凝土15万 m^3、碾压混凝土约26万 m^3。常态混凝土施工高峰强度达5.5万 $m^3/$月、碾压混凝土施工高峰强度达9万 $m^3/$月。

为满足河床施工分期导流的要求，右岸工程在一枯期的混凝土施工有效时间非常短，工程量大、工期极为紧张。

（四）碾压混凝土施工强度高

由于在一枯期在完成右岸、左岸基坑开挖后才开始相应的碾压混凝土的施工，在汛前分别要达到当年汛前的碾压混凝土浇筑形象面貌，施工强度大。选择合理的碾压混凝土的入仓手段，以满足碾压混凝土的施工强度要求是本工程施工的关键和难点。

（五）混凝土的温控、外观质量要求高

本工程对混凝土的外观质量要求很高，对混凝土浇筑面的平整度和光洁度等都有严格的规定，混凝土必须达到"免装修"的要求。如何采取有效的温控

措施防裂，确保混凝土的内在和外观质量（即内实外光），是本标工程的难点。

（六）混凝土施工与坝基固结灌浆相互干扰大

大坝混凝土施工与坝基固结灌浆交叉施工，相互干扰大。在技术上、施工组织协调上充分分析考虑，尽可能减少相互间的干扰、减少对混凝土施工工期的影响是保证混凝土施工进度计划顺利实施的重点。

（七）夏季、雨季、雾天施工特点明显，施工进度控制难度大

本工程流域，降雨量丰沛，坝址附近多年平均最高气温高且持续时间长，5—10月为汛期。受施工进度控制，在夏季、雨季中施工必须安排碾压混凝土施工。合理安排碾压混凝土施工进度，充分考虑雨季、夏季施工多雨、高温，冬季雾天对碾压混凝土施工的不利因素是施工进度控制的重点。

（八）通航坝段预留导流缺口（13号坝段）封堵混凝土施工工期紧、强度高

通航坝段预留导流缺口底高程297.000m，顶高程371.000～376.600m，混凝土量约17万m³，高程350.000m以上布置有过坝渠道及检修门库，需要在3个月左右的工期内完成混凝土施工，并完成过坝渠道内的上闸首检修闸门安装，达到下闸蓄水面貌，工期紧、难度大。

（九）通航建筑工程本体段结构复杂、施工布置困难

升船机本体段（承船厢室）布置在通航坝段（13号坝段）坝后靠山体侧，施工场地狭窄，大型垂直吊装设备布置困难。本体段为复式墙体板梁结构，结构复杂，施工工序多，混凝土入仓难度大。

三、主要施工对策及措施

（一）大坝基础固结灌浆采取以下措施

（1）采用多投入施工人员和设备，利用现有的施工条件，从多个工作面同时施工，各工序之间紧密衔接的施工方法。

（2）选用先进的施工设备（风动钻机），加快成孔速度，提高施工效率。

（3）水平面的基础固结灌浆在找平垫层混凝土浇筑后尽快进场施工。

（4）根据设计规范要示，基础固结灌浆检查孔要在其单元固结灌浆结束3～7d后施工，为不影响混凝土浇筑时间、缩短工期，其检查孔安排在上层混凝土浇筑后施工。

（二）采取的综合组织措施

根据沙沱水电站大坝混凝土工程施工的重点和难点，重点从施工组织管理、施工技术、资源配置、施工协调等方面采取相应的措施，保证施工的顺利进行。

（1）发挥军事化管理的优势，强化资源配置，建立先进的管理机构，全力以赴，精诚团结，优质按时完成大坝混凝土的施工。

（2）强化资源保证，配足施工人员、配足施工机械设备，将按照投标文件的要求进场本工程所需的混凝土拌和系统、运输设备、混凝土仓面平仓、碾压设备、模板等。

（3）施工中加强与发包人、设计、监理和其他承包人的沟通联系，服从业主和监理的协调，共同创造和谐的施工环境，以尽可能地减少施工干扰对施工进度等的影响。

（三）工期保证措施

（1）基坑开挖分区进行，部分工作面提早移交混凝土工作面，为混凝土施工赢得工期保证。

（2）加大开挖力度，尽量缩短开挖工期，延长混凝土浇筑工期，在施工中，加强协调混凝土、基础处理和金属结构安装等工作的相互干扰，保证混凝土施工进度，并在工期的安排上，设备的配备上考虑足够的富余量，以防止其他因素引起的工期耽误。

（3）加强设备组织协调，特别是混凝土施工设备的运行协调，在同一个工作面相互间的施工干扰，派专人现场指挥、调度。

（四）碾压混凝土施工强度保证措施

（1）混凝土拌和系统生产能力要适合多品种、多级配混凝土的生产，并满足不同温度条件下、不同品种混凝土的生产强度要求。

（2）采用多工作面同时施工，通过适当的分层分块，在平面和立面上为混凝土浇筑各工序提供充分的工作面，充分利用各工序的流水作业步距和技术间歇时间，做到流水施工。

（3）选择合理、高效的碾压混凝土的运输方式，碾压混凝土水平运输采用20t自卸车，垂直运输主要采用真空溜管输送，确保碾压混凝土的入仓强度。

（4）加大碾压混凝土施工仓面设备的投入和施工方法的改进，科学的安排施工进度计划。

（5）加强仓面的协调指挥。

（五）混凝土的温控、外观质量控制

（1）严格按技术要求采取综合的温控措施。

（2）主要混凝土的施工尽可能安排在低温季节施工。

（3）高温超过设计标准时，不安排混凝土的施工。

（4）使用优质的模板和合理的施工工艺。

（5）使用专用的脱模剂或使用同一品牌的食用色拉油代替专用脱模剂。

（6）为控制混凝土表面蜂窝、麻面、气泡的出现，根据浇筑部位钢筋密集程度选择合理的混凝土配合比和级配及合理的入仓方式，混凝土入仓后立即振捣，不允许出现仓面混凝土堆积。

（7）为了减少混凝土表面错台、挂帘的现象，要求模板与模板之间及模板下部与老混凝土之间加固紧，保证模板接合处不留缝隙。

（8）加强混凝土浇筑的过程控制，随时进行模板变形监测，发现模板变形及时调整。

（六）施工设备资源保证措施

（1）协调好各施工工序关系，合理进行设备资源的调配。

（2）加强设备的运行管理，强化设备的维修、保养、检查工作，最大限度地充分发挥混凝土运输设备的利用率。

（七）混凝土施工与坝基固结灌的施工协调

（1）加大灌浆设备的投入，确保多工作面同时施工。

（2）坝基固结灌浆在基础找平混凝土施工完成后立即进行，尽量减少混凝土内的钻孔工作量。

（3）边坡面的坝基固灌浆与混凝土施工合理穿插进行，减少固结灌浆对混凝土施工工期的影响。

（八）夏季、雨季、雾天施工进度保证措施

（1）加强施工组织，优化施工工序。

（2）采取合理的施工措施，根据实际气候条件，调整混凝土施工分层、分块并适当采用斜层铺筑法施工，确保雨季、夏季碾压混凝土施工进度和施工质量。

第四节　施　工　总　体　情　况

一、主要施工工期节点完成情况

主要施工工期节点完成见表1-13。

表1-13　　　　　　主要节点目标完成情况对比表

序号	项目及说明	合同要求完工日期	实际完工日期
1	二期（右岸）截流	2007-11-5	2007-12-6
2	二期（右岸坝体）到达307m高程	2008-5-5	2009-7-5
3	三期（左岸）截流	2008-11-5	2009-4-17
4	三期（左岸坝体）到达307m高程	2009-5-5	2010-6-11
5	下闸蓄水时间	2010-11-1	2013-4-20
6	首台机组发电时间	2010-12-30	2013-5-8

二、主要完成工程量

主要完成工程量见表 1-14。

表 1-14　　　　　　大坝土建工程完成工程量统计表

序号	项目名称	单位	完成工程量	备注
1	土方开挖	万 m³	1.37	
2	石方开挖	万 m³	30.60	
3	常态混凝土	万 m³	57.07	
4	碾压混凝土	万 m³	70.58	
5	钢筋制安	t	24338	
6	金属结构安装	t	6935.8	
7	基础固结灌浆	t	21744	

三、主要施工方案

根据工程施工的特点及难点，针对各分项工程主要采取了以下施工方案。

（一）溢流坝段碾压混凝土施工

基础仓号及有条件的仓号采用自卸汽车直接入仓；低高程采用溜管、溜槽、真空溜管入仓＋自卸汽车仓内转料；高高程采用大倾角皮带机入仓＋自卸汽车仓内转料。

（二）挡水坝段碾压混凝土施工

基础仓号采用自卸汽车直接入仓；其他采用皮带机、溜管、溜槽入仓＋自卸汽车仓内转料。

（三）预留导流缺口坝段混凝土施工

（1）297～310m 高程混凝土采用自卸车直接入仓。

（2）310～325m 高程混凝土采用坝前 325m 混凝土平台接大溜槽入仓＋仓内自卸汽车转料。

（3）325～350m 高程混凝土入仓采用自卸车直接入仓。

（4）通航建筑物过坝渠道右侧 350～370m 高程混凝土采用 1 套溜槽系统入仓，距下料口近的部位直接入仓，远的由反铲布料自卸汽车仓内转料。

（5）通航建筑物过坝渠道左侧 350～370.0m 高程混凝土采用皮带机（跨通航渠道）入仓、溜槽系统和皮溜管入仓＋自卸汽车仓内转料。

（6）通航建筑物过坝渠道右侧 370～375.6m 高程混凝土与 14～16 号坝段 370m 高程以上碾压混凝土同时浇筑，自卸车直接入仓。

（四）闸墩混凝土施工

布置 DMQ540 门机一台，C7050 塔机两台，建筑小塔机两台，主要用于模板的拆装、钢筋埋件等材料、工器具的吊运。

混凝土入仓采用皮带机入仓系统，分为两个阶段，352m 高程以下混凝土采用低高程皮带机系统，352m 高程以上采用高高程入仓系统。

（五）升船机本体段混凝土施工

（1）底板施工：混凝土入仓主要采用布料机入仓，辅以长臂反铲、溜槽入仓。

（2）边墙施工。共布置塔机 3 台（其中一台需移设一次），门机 1 台，主要用于模板的拆装、钢筋埋件等材料、工器具的吊运。混凝土入仓主要采用皮带机系统入仓，设两套独立的皮带机混凝土入仓系统分别负责左右边墙的混凝土入仓。

左边墙除基础块采用长臂反铲入仓外其他均采用皮带机入仓系统入仓。受料斗设在 13 号右坝段下游侧，用溜管向皮带机供料（每 15m 设一缓冲节），皮带机系统共提升 5 次。

右边墙基础块采用长臂反铲入仓，300m 高程以下采用边坡溜管系统入仓，300m 高程以上采用长臂反铲入仓外其他均采用皮带机入仓系统入仓。受料斗设在 13 号右坝段下游侧，用溜管向皮带机供料（每 15m 设一缓冲节），皮带机系统共提升 5 次。

（3）设备层板梁。设备层板梁跨度 17.6m，由于跨度较大，模板采用贝雷片支撑系统支撑，混凝土入仓采用皮带机入仓。

（4）桥机排架柱。共布置 3 台塔机，用于模板的拆装、钢筋埋件等材料、工器具的吊运。模板采用满堂钢管脚手架系统支撑（兼作施工平台），混凝土全部采用泵送入仓。

（六）纵向混凝土围堰拆除

纵向混凝土围堰拆除主要采用控制爆破施工，主炮孔采用垂直炮孔，永久建筑物处采用预留保护层水平预裂爆破，保护层采用机械拆除。为了有效地降低爆破震动对上游各保护对象的影响和危害，在 II 期围堰的上游端开挖减震槽。

第五节 主 要 施 工 业 绩

一、碾压混凝土连续浇筑施工

在 13 号预留导流缺口封堵碾压混凝土浇筑过程中，连续创造了在碾压混凝土坝施工中连续上升的最高纪录。一是从缺口底板 297m 高程连续浇筑上升至 310m 高程，连续浇筑 13m 高，混凝土量 3.6 万 m³。二是从 310m 高程连续浇筑上升至 325m 高程，连续浇筑 15m 高，混凝土量 3.7 万 m³。碾压混凝土连续浇筑上升对拌和系统、运输、入仓及仓面施工设备、组织管理要求高，特别是浇筑过程中模板的翻转提升要综合考虑已浇筑混凝土的强度、仓面的施工强度等。

二、四级配碾压混凝土上坝施工

在所承担的右岸挡水坝段 340m 高程以上国内首次采用四级配碾压混凝土上坝施工，上游防渗区采用三级配碾压混凝土防渗。采用四级配骨料，最大粗骨料粒径达到 120～150mm，可显著减少胶凝材料用量、降低水化热、提高混凝土的抗裂性能、增加混凝土铺筑层厚，从而进一步降低成本、简化温控措施、提高施工速度、减少层面，能够充分发挥碾压混凝土的技术经济优势。

沙沱水电站在国内首次系统的开展四级配碾压混凝土配合比、性能及施工工艺试验研究，通过先进的原材料选择、配合比设计、施工工艺调整及质量控制措施，解决了四级配碾压混凝土施工及质量控制上可能存在的缺点和困难，并成功上坝浇筑。

三、溢流坝段高高程碾压混凝土入仓

在国内首次引进经改装的大倾角皮带机系统输送碾压混凝土。溢流坝段混凝土施工过程中，由于分期导流，左岸坝段还未施工或在低高程，右岸紧邻的 13 号坝段为预留导流缺口，导致溢流坝段成了一"孤岛"，从右岸架设普通皮带机跨 13 号坝段导流缺口，不仅跨度大，达近 70m，而且架设高度高，支撑立柱达 40m 高，施工难度及安全都难以保证，后经生产性试验，在国内首次引进经改装的大倾角皮带机，较好地解决了溢流坝段高高程碾压混凝土入仓的难题。同时为碾压混凝土入仓提供了一种新型的方案，有着显著的社会效益。

四、溢流表孔大型闸门快速安装

首次通过引进采用反托轮式架桥机吊运安装大型闸门。沙沱水电站大坝溢流表孔由于受结构及现场布置条件限制，表孔闸门难以按以往常规方法进行吊运安装，经研究论证选用反托轮式架桥机作为表孔弧形工作闸门及事故检修闸门安装的吊装设备，解决了表孔特大型闸门安装中单元吊重大、就位困难的施工难题，且可 2 孔同时安装，速度快，用 5 个月时间完成了 6 孔表孔弧形闸门及 1 孔检修闸的安装工程，节约工期 3 个月，为工程的安全度汛提供了保障，为电站发电奠定了坚实的基础，同时为类似条件下的闸门安装工程施工积累了成功的经验，在其后所承担的观音岩电站、梨园电站、黄金坪电站的表孔闸门安装中均得到了较好的推广应用。

第二章 二期截流与围堰闭气工程

第一节 二期截流与围堰闭气施工概况

一、施工导流规划

沙沱水电站工程采用河床分期导流方式导流，每年 11 月 6 日至翌年 5 月 5 日 6 个月作为枯期导流时段。

沙沱水电站主体工程施工期前期选用明渠导流的方式，中期、后期则采用在坝体上预留导流底孔、缺口，汛期洪水由坝体导流底孔及缺口联合下泄的导流方式。导流方式如下：

（一）2007 年 11 月 6 日至 2008 年 5 月 5 日

右岸河道截流，堆筑上、下游围堰，同时进行纵向混凝土围堰 II 区、右岸坝段（包括溢流坝第 10、第 11、第 12 坝段）和通航建筑物常枯水位以下部位的开挖及混凝土浇筑施工，选取枯期 10 年一遇洪水标准，流量为 $Q_{10\%} = 4820\text{m}^3/\text{s}$，泄流通道为左岸导流明渠。本时段内必须形成导流底孔和缺口，且坝体临时断面高程不得低于 307.00m。

（二）2008 年 5 月 6 日至 2008 年 11 月 5 日

右岸坝段过水，右岸坝段、通航建筑物施工停止。泄流通道为左岸明渠、右岸坝段临时断面、缺口和导流底孔。度汛流量为全年 10 年一遇洪水标准，相应流量 $Q_{10\%} = 14800\text{m}^3/\text{s}$。

（三）2008 年 11 月 6 日至 2009 年 5 月 5 日

左岸河道截流，堆筑上、下游围堰，同时进行左岸坝段（包括溢流坝第 9 坝段）、引水坝段和厂房等常枯水位以下部位的开挖及混凝土浇筑施工，此间右岸坝段（包括溢流坝第 10、第 11、第 12 坝段）可继续施工。此时段左岸坝体、厂房及进水口临时断面高程应不低于 307.00m。

（四）2009 年 5 月 6 日至 2009 年 11 月 5 日

左岸坝段河床过水，左岸坝段施工停止。泄流通道为左岸坝段临时断面、右岸坝体缺口和导流底孔。

（五）2009 年 11 月 6 日至 2010 年 5 月 5 日

左岸、右岸坝段、引水坝段及厂房继续施工。泄流通道为右岸导流底孔和坝体缺口。

（六）2010 年 5 月 6 日至 2010 年 10 月 1 日

坝体整体碾压至 336.80m 高程以满足全年施工要求，此期间泄流通道为右岸导流底孔和坝体缺口。

（七）2010 年 10 月 1 日至 2011 年 11 月 30 日

右岸坝体缺口封堵，泄流通道为右岸导流底孔。

（八）2010 年 11 月 1 日至 2010 年 12 月 1 日

导流底孔开始封堵，先封两个导流底孔，由最后一个导流底孔导流。最后一个导流底孔于 2010 年 12 月初下闸。

（九）2010 年 12 月 1 日至 2010 年 12 月 31 日

三期下游围堰及纵向混凝土围堰（除大坝上游部分）应全部拆除。2010 年 12 月底通航流量孔下闸封堵。

（十）2011 年 1 月 1 日至 2011 年 5 月 5 日

利用四期围堰挡水，进行通航系统的土建及金属结构的施工。

二、二期截流时段及截流标准

按照部颁标准《水利水电工程施工组织设计规范》（SDJ 338—89），截流标准采用截流时段重现期 5～10 年的月或旬平均流量。根据工程实际情况，如果截流标准太低，造成截流失败或推迟，对大坝的开挖、浇筑以及安全度汛有较大影响；截流标准太高，可能造成截流工程量太大，不经济。

根据工程施工进度情况，截流时间选择在 2007 年 11 月中旬，相应 11 月 5 年一遇、10 年一遇的月平均流量分别为 $778m^3/s$、$985m^3/s$。考虑到 11 月下旬流量应较月平均流量小，如按上限定为 10 年一遇，截流标准就偏高。因此综合考虑选定本工程截流标准采用 5 年一遇月平均流量，即为 $778m^3/s$。

三、二期围堰堰体结构

（一）上游围堰堰体结构

上游围堰为枯期（2007 年 11 月 21 日至 2008 年 5 月 5 日）挡水土石围堰。

堰顶高程为 307.0m，轴线长 96.22m，最大堰高 32m，堰顶宽 10m，堰体迎水面边坡 1∶1.5，背水面边坡 1∶5，背水面 296.0m 高程各设一马道，马道平台为截流戗堤，顶宽 15m。截流戗堤迎水面边坡 1∶1.5，背水面边坡 1∶1.5，堰体心墙为防渗黏土心墙，心墙两侧为石渣，心墙与石渣之间有 0.6m 厚的反滤料。堰体迎水面 296.0m 高程以上采用 1.0m 厚的块石（块石粒径不小于 80cm）护坡和 0.5m 厚的反滤料（粒径小于 2cm）保护，堰体迎水面 296.0m 高程以下采用 1.9m 厚的块石护坡和 0.5m 厚的反滤料保护。

堰体 296.0m 以下做灌浆帷幕防渗墙防渗，以上为黏土心墙防渗，灌浆帷幕防渗墙与黏土心墙采用混凝土帽连接；与混凝土纵向围堰采用混凝土刺墙连接。

（二）下游围堰堰体结构

下游围堰为枯期挡水土石围堰，负责 2007 年 11 月至 2008 年 5 月 5 日时段右岸基坑下游挡水。

下游围堰由于受下游引航道隔流墙的影响，考虑分两期填筑围堰，前期修筑低水围堰，堰顶高程 295.0m，当下游引航道被高水围堰占压部位施工完成后，立即对低水围堰进行加高培厚，在 2008 年 3 月 31 日以前形成高水围堰。

（1）下游低水围堰。下游低水围堰轴线长 113.2m，最大堰高 30.00m。低水围堰填筑一次性填筑至 295m 高程，且围堰较长，为保证填筑强度，考虑堰顶宽 15m，堰体迎水面边坡 1：1.75，背水面边坡 1：1.5。堰体结构同上游，心墙部分为防渗黏土，心墙两侧为土石混合料（混合料含石粒径不大于 30cm）。

（2）下游高水围堰。在下游通航建筑物被占压部位施工完成后，加高培厚低水围堰，形成高水围堰。

高水围堰堰顶高程为 301.0m，围堰轴线长 116.8m，最大堰高 36.00m。堰顶宽 10m，堰体迎水面边坡 1：1.75，背水面边坡 1：1.5。高水围堰加高部位利用黏土心墙与下部的灌浆帷幕防渗墙连接防渗，连接利用混凝土帽进行连接，黏土心墙底宽 3m，顶宽 1.5m，其余填石渣料。

堰体迎水面采用 1.5m 左右厚的大块石护坡和 0.5m 厚的砂砾石反滤层保护。

四、工程地质条件

（一）地形地貌

沙沱水电站坝址位于沙沱大桥上游约 600m 处，河道平直，呈较开阔的 V 字形，流向 N47°E。枯期河水位高程 288.50m，河水面宽 135m；坝顶高程 371m 处河谷宽 580m。

河床主流线在右侧且为深槽，槽宽约 28m，水深 9m，槽底高程为 279.50m；左侧河床为基岩礁滩，宽约 109m，高程 288.4～289.2m，枯期部分礁滩露出水面。河水面至 330m 高程为陡岸，左岸岸坡 35°，右岸稍陡，坡角 50°；330～340m 高程为宽阔的 I 级基座阶地，左、右岸阶地面宽分别为 160m、60m；阶地后缘为斜坡，左岸山坡坡角 28°～33°，右岸山坡坡角 32°～37°，左缓右陡。

（二）地层岩性

坝址区出露基岩为奥陶系桐梓组（O_1t）至志留系龙马溪群（S_1Ln）地层，岩性包括灰岩、白云质灰岩、泥灰岩、页岩、砂岩等，沉积韵律明显。第四系零星分布，以残坡积、冲积层为主，多见于 I 级阶地和河床中。

从寒武系至志留系沉积环境由浅海相渐变为陆缘相，除奥陶系与志留系为平行不整合接触外，其余为整合接触。

根据钻探资料和物探成果，河床冲积物厚 0.73～4.62m；左岸阶地残积物厚 3～16.2m，右岸 3.3～12.20m。

湄潭组第一段（O_1m^1）、桐梓组第一段（O_1t^1）泥页岩、泥岩泥质成分较多，Al_2O_3 含量为 12.2～16.6%，平均 14.4%；桐梓组第二段第一层（O_1t^{2-1}）、第二层（O_1t^{2-2}）、第三层（O_1t^{2-3}）、红花园组（O_1h）地层及桐梓组第一段（O_1t^1）灰岩地层主要为化学沉积，$CaO+MgO$ 含量为 42%～54%，平均 50.78%，$Fe_2O_3+Al_2O_3$ 平均占 0.68%，SiO_2 平均为 4.88%，烧失量平均为 41.84%。泥岩地层中 SiO_2 以石英砂为主，灰岩则以未结晶的蛋白石为主。

（三）地质构造

地质构造有铅厂背斜、NNE 和 NW 向断层。

铅厂背斜轴部通过左岸 I 级阶地后缘，坝址地层产状 N19°E，SE∠20°，倾向下游偏右岸。断层以 NNE 和 NW 向占主导地位，NW 向断层包括 F_{57}、F_2、F_{88}、F_{16}，NNE 向断层有 F_{64}、F_{198}、F_3、F_9、F_8、F_7、f_6、f_{10}、f_{11}、f_{22} 等，主要集中在左坝肩及其上游。

（四）物理地质现象

主要物理地质现象主要有卸荷、崩塌、岩石（体）风化及夹层夹泥。

由于河谷宽缓，坝址区重力作用所形成的物理地质现象不发育，局部陡坡存在卸荷和危岩体，无影响边坡稳定的大型崩塌体和滑坡体，仅在左岸山坡发育一处小滑坡体。风化深度因地层岩性、地形、溶蚀发育程度而异，I 级阶地下的风化深度受溶蚀控制。

坝址区河床由红花园组（O_1h）和桐梓组第二段（O_1t^2）中厚层、厚层灰岩、白云质灰岩组成，根据钻孔资料，冲积物厚 0.73～4.62m，弱风化深 3.0～8.0m。

285m 高程至 I 级阶地面均由红花园组（O_1h）和桐梓组第二段（O_1t^2）地层组成，岩体风化与地形、溶蚀密切相关，主要表现为沿溶缝、溶槽的囊状风化，两岸阶地垂直弱风化深 30～40m。由于左岸 I 级阶地较右岸宽，因而其溶蚀影响范围也大于右岸，水平风化深度亦然。

（五）岩溶水文地质情况

坝址区地下水补给河水，属补给型河谷，地下水靠大气降水分散补给或洼地落水洞集中补给。两岸地下水位均高于或接近同期河水位，地下水以溶蚀裂隙水、岩溶泉等形式排向乌江。乌江为坝址区地表、地下水最低排泄基准面。

坝址区岩溶形态主要包括落水洞、水平溶洞、溶缝（隙）三类。落水洞24个，主要分布在Ⅰ级阶地台面，处于充填或半充填状态，消水功能极差。水平溶洞12个，高程300m左右，充填黏土和碎块石，规模大者洞口有石灰华，仅在暴雨时有水涌出，其余时间无水流。坝址区广泛分布的岩溶形态为溶蚀缝（隙），主要发育于Ⅰ级阶地面之下至290m高程（靠河边深至285m高程）之间，大部分沿NW向构造裂隙发育，宽0.5~50cm，最宽者达1.8m，完全充填或半充填黄色黏土，向上延伸至地面，坝址两岸Ⅰ级阶地位置地下水位低平，反映其溶蚀发育，地下水排泄畅通。暴雨后两岸边沿溶洞、溶蚀裂隙、平硐有多处出水点，枯水期干枯。

第二节　二期截流具体施工方案及方法

一、截流设计
（一）二期截流方式选择
选择截流方式时考虑了以下因素：

（1）立堵截流准备工作简单，造价低。

（2）立堵是传统的截流方式，积累了较丰富的经验。

（3）考虑本工程截流时水力指标相对不大，截流难度适中，因此宜采用单戗堤截流。

根据上述情况，本工程采用上游单戗立堵法截流。根据现场实际施工布置情况，龙口设在河道偏左岸，即由右岸向左岸进占。戗堤顶宽20m，上下游边坡均为1：1.5，戗堤顶高程为296.0m，戗堤总长90.0m，预留龙口顶宽度30.0m，戗堤堤头设计边坡为1：1.25。

鉴于本工程截流落差较小（最大落差仅1.66m），且上游戗堤距下游围堰轴线间距约470m，不考虑下游围堰分摊截流落差，为减少施工干扰，缓解设备压力，确保截流一次成功，决定先进行上游围堰截流，再进行下游围堰截流施工。

（二）截流戗堤结构设计截流戗堤布置及结构设计
1. 设计原则

（1）确保截流戗堤大块石料、钢筋笼不侵占防渗墙位置，影响防渗墙施工。

（2）满足抛投强度，满足设备运行要求。

（3）确保戗堤的稳定及抗水流冲刷。

（4）满足合龙后堰前水位以上的安全超高。

（5）确保截流戗堤大块石料、钢筋笼不侵占防渗墙位置，影响防渗墙施工。

（6）满足抛投强度，满足设备运行要求。

（7）确保戗堤的稳定及抗水流冲刷。

（8）满足合龙后堰前水位以上的安全超高。

2. 戗堤顶高程的确定

上游截流设计流量按 5 年重现期 11 月平均流量 $Q = 778\text{m}^3/\text{s}$，上游截流戗堤相应水位 295.17m 高程，考虑堤顶安全超高，堤顶高程暂定为 296.0m，戗堤最大高度 21.0m。

下游低水围堰截流设计流量同上游截流戗堤，即 $Q = 778\text{m}^3/\text{s}$，根据招标补疑文件，本工程截流时，下游彭水水电站蓄水，彭水水电站回水高程为 293.56m，同时考虑截流后施工挡水要求，按枯期 5 年一遇洪水设防，暂定堰顶高程 295.0m，低水围堰最大高度约 30m。

3. 截流戗堤结构

二期截流戗堤拟采用右岸水泥厂渣场回采的石渣和块石料填筑。

上游戗堤顶部宽度 20m，迎水面坡度为 1:1.5，背水面坡度为 1:1.5，堤顶铺 20cm 厚碎石路面，堤顶向外侧排水，排水横坡为 2%。

下游低水围堰顶宽 15m，迎水面坡度为 1:1.75，背水面坡度为 1:1.5，堤顶铺 20cm 厚碎石路面，堤顶向外侧排水，排水横坡为 2%。

4. 截流戗堤平面布置

上游截流戗堤轴线布置在大坝坝轴线上游约 77m 处，呈直线布置，堤顶轴线全长 102m，该轴线位于上游土石围堰轴线下游侧并与之平行，两轴线相距 34m。龙口设在混凝土纵向围堰侧，最大宽度 30m。河床截流后，该戗堤结构将成为上游土石围堰堰体的排水堆石体，围堰高喷防渗板墙位于戗堤上游侧。

下游截流戗堤为下游低水围堰，截流时与上游截流戗堤同时进占并滞后 20m，下游进占时一次性填筑至低水围堰顶部高程，形成前期低水围堰，下游低水围堰采用折线型布置，布置在坝轴线下游约 470m 处，堤顶轴线全长 113.2m。龙口设在纵向混凝土围堰侧，最大宽度 60m。

（三）水力学计算

按照截流方式为上游立堵单戗截流，截流流量按 $778\mathrm{m}^3/\mathrm{s}$ 进行截流水力计算。截流过程中，河道来流量可分为四部分：

$$Q=Q_g+Q_d+Q_r+Q_s$$

式中　Q——河道来流量（截流设计流量 $778\mathrm{m}^3/\mathrm{s}$）；

Q_g——龙口泄流量；

Q_d——分流建筑物（导流明渠）泄流量；

Q_r——上游河槽调蓄流量；

Q_s——戗堤渗流量。

截流计算根据上述流量分配采用列表法进行。

（1）分流建筑物（导流明渠）泄流能力计算。导流明渠在上游不同壅高水位时的下泄流量曲线 Q_d—H 见图 2-1。

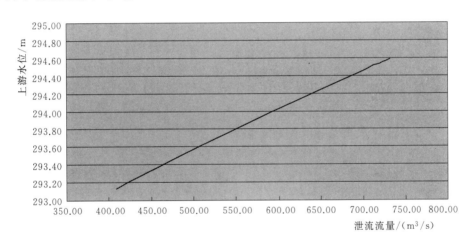

图 2-1　导流明渠泄流量曲线图

（2）截流过程中上游河槽调蓄流量计算。由于本工程截流过程中抛石强度不大，抛石引起的上游水库面积和水位上升率并不大，因此不考虑上游河槽调蓄流量。

（3）截流戗堤渗流量计算。对于立堵截流，戗堤渗流量计算公式为：

$$Q_S=K_S(\overline{B_0}-\overline{B})H\sqrt{\dfrac{Z}{l_s}}$$

按照伊兹巴什公式计算：$K_S=n(20-A/D)\sqrt{D}$

式中　K_S——紊流渗透系数，m/s；

n——戗堤孔隙率，取 $n=0.4$；

D——抛投料的化引直径；

A——材料特征系数；

$\overline{B}_0$——龙口起始宽度，m；

$\overline{B}$——截流进占过程中的龙口平均宽度，m；

H——戗堤上游的平均水深，m；

l_s——平均渗径，m；$l_s=0.5(m_1+m_2)P+a$；

m_1——戗堤上游坡坡度系数，1.5；

m_2——戗堤下游坡坡度系数，1.5；

P——戗堤高度，m；

a——戗堤顶宽，m。

（4）龙口泄流量计算。对于立堵截流，龙口泄流量计算公式为：

$$Q_g=m\overline{B}\sqrt{2g}H_0^{\frac{3}{2}}$$

式中　$\overline{B}$——龙口平均过水宽度，m；

H_0——龙口上游水头，m；

m——流量系数，$m=0.32$。

（5）截流过程中的水力计算。根据以下各式计算截流过程中的诸水力参数：

龙口落差　　　　　　　　　　$Z=\nabla_{上}-\nabla_{下}$

龙口平均流速　　　　　　　　$v_g=\dfrac{Q_g}{Bh}$

龙口单宽流量　　　　　　　　$q=\dfrac{Q_g}{B}$

龙口单宽功率　　　　　　　　$N=r_wgZ$

经水力学计算成果分析，截流控制条件最大落差为1.66m，最大平均流速为5.61m/s，最大单宽流量为26.45m³/(s·m)，最大单宽功率为26.85(t·m)/(s·m)。从其他相关工程的截流情况来看（根据《中国水力发电工程 施工卷》统计表3-2，截流落差一般均在4m以下），本工程截流水力学指标较小，截流难度适中。龙口水力特征曲线见图2-2，龙口水力学指标成果见表2-1。

表2-1　　　　　　　　　　龙口水力学指标成果表

龙口宽度/m	30.00	25.00	20.00	15.00	10.00	5.00
上游水位/m	293.29	293.42	293.63	293.95	294.36	294.59
导流明渠分流量/(m³/s)	439.47	467.62	511.95	580.83	675.99	732.15

续表

龙口泄流量/(m³/s)	326.84	294.89	246.00	170.18	67.05	5.89
戗堤渗流量/(m³/s)	11.94	15.38	20.22	27.02	35.05	40.07
龙口流态	淹没流	淹没流	淹没流	淹没流	非淹没流	非淹没流
截流落差/m	0.35	0.49	0.70	1.02	1.43	1.66
龙口平均流速/(m/s)	2.63	3.10	3.71	4.46	5.61	3.45
龙口单宽流量/(m³/s)	15.62	18.40	21.99	26.45	17.98	4.18
龙口单宽功率/[(t·m)/(s·m)]	5.53	9.03	15.41	26.85	25.68	6.95

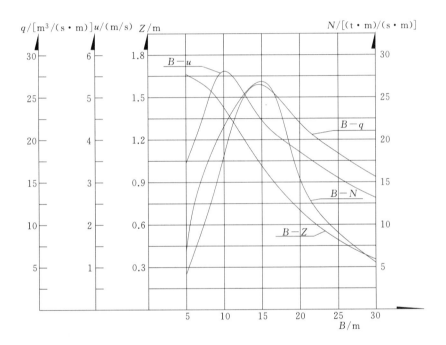

图 2-2　龙口水力特征曲线图

（四）截流戗设计

选定的截流方案为上游单戗立堵截流方案，结合现场实际情况，截流戗堤布置在上游围堰轴线的下游，截流戗堤轴线和上游围堰轴线平行，两轴线相距 36.5m。

截流龙口宽度定为 30m。根据抛投材料分为右岸预进占区、龙口Ⅰ区、Ⅱ区、Ⅲ区。戗堤设计断面为梯形，戗堤堤顶宽度 15m，可以满足两辆 20～25t 自卸汽车在堤头同时抛投。按来流量 778m³/s 计算，截流戗堤闭气后挡水水位为 294.8m，以此确定戗堤堤顶高程 296.0m，戗堤的上游边坡为 1：1.5，下游为 1：1.5，进占方向堤头边坡为 1：1.25。

（五）龙口分区及抛投材料确定

1. 龙口抛投材料稳定计算

根据伊兹巴什公式计算截流过程中抛投块石的稳定性及当量直径。抛石块径计算公式为：

块石当量粒径
$$d = \frac{1}{2g \dfrac{r_s - r}{r}} \left(\frac{v}{K}\right)^2$$

式中　d——块石化引为球体的当量直径，m；

$\quad\quad g$——重力加速度，9.8m/s²；

$\quad\quad r_s$、r——块石容重和水容重，t/m³；

$\quad\quad v$——计算流速，m/s；

$\quad\quad K$——稳定系数，取 $K=0.9$。

表 2-2　　　　　　　抛投块石化引直径计算成果表

龙口宽度/m	计算流速/(m/s)	$2g(r_s-r)/r$	$(v/K)^2$	块石化引直径/m
30	2.63	32.93	8.54	0.26
25	3.10	32.93	11.86	0.36
20	3.71	32.93	16.99	0.52
15	4.46	32.93	24.56	0.75
10	5.61	32.93	38.85	1.18
5	3.45	32.93	14.69	0.45

抛投块石的抗冲稳定性以块石的抗冲流速作为指标，见表 2-3 和表 2-4。

表 2-3　　　　　　　抗冲流速—块石粒径—重量关系曲线

抗冲流速/(m/s)	2.0	2.5	3.0	3.5	4.0	4.5	5.0	5.5	6.0	6.5
块石粒径/m	0.15	0.23	0.34	0.46	0.60	0.76	0.94	1.13	1.35	1.58
块石重量/t	0.005	0.017	0.055	0.136	0.30	0.62	1.16	2.02	3.45	5.63
块石分类	石渣及中石			大石			特大石			

表 2-4　　　　　　　截流抛投块石规格表

块石分类	粒径	重量	控制条件
石渣及小石			无严格要求
中石	0.2～0.4m	5～200kg	
大石	0.4～0.8m	0.2～1.9t	
特大石	0.8m 以上	1.9t 以上	

2. 龙口分区

龙口抛投材料粒径（或重量）按照伊兹巴什公式的计算成果，并参照国内外水电工程截流的实际资料，综合分析确定。

针对各进占抛投材料的特性，把截流龙口分成预进占区、Ⅰ区、Ⅱ区和Ⅲ区（图2-3），各区的布置、控制水力指标及进占抛投材料确定如下。

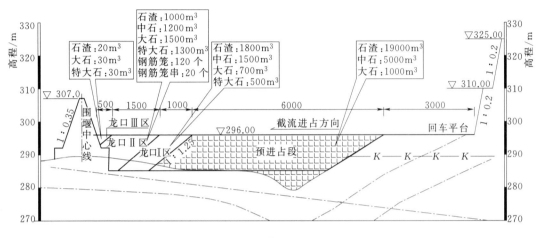

图2-3　龙口分区图

（1）预进占区。戗堤进占长度60m，龙口水面平均宽度30m，龙口的落差0.35m，平均流速2.63m/s，单宽流量15.62m³/(s·m)，单宽功率5.53(t·m)/(s·m)。抛投石料采用中石和普通石渣，裹头采用大石进行保护，该区抛投量为3.0万m³。

（2）Ⅰ区。戗堤进占长度10m，龙口水面平均宽度20.0m，龙口的落差0.7m，平均流速3.71m/s，单宽流量21.99m³/(s·m)，单宽功率15.41(t·m)/(s·m)。抛投石料采用大石、中石和石渣，局部需用特大块石，该区抛投量为0.45万m³。

（3）Ⅱ区。戗堤进占长度15.0m，龙口水面平均宽度5m，龙口的落差1.43m，最大平均流速5.61m/s，单宽流量26.45m³/(s·m)，单宽功率26.85(t·m)/(s·m)。从龙口水力指标分析，该区龙口流速、单宽功率均为截流过程中的最大值，因此该区为截流最困难区，抛投材料采用特大石、大石、块石钢筋笼或钢筋笼串，该区抛投量为0.532万m³。

（4）Ⅲ区。戗堤进占长度5.0m，龙口水面宽度5～0m，龙口的落差1.66m，平均流速3.45m/s，单宽流量4.18m³/(s·m)，单宽功率6.95(t·m)/(s·m)。抛投石料采用大石、中石和普通石渣，该区抛投量为80m³。

根据计算出的龙口水力指标，截流时的最困难区为龙口过水断面从梯形过渡到三角形时，即龙口宽度为 20～5m 时，因此此段抛投材料需要以特殊材料为主进行抛投。

特殊制备的材料按照计算出的龙口最大平均流速 5.61m/s 作为控制抗冲流速来确定，选取容易制备和运输的块石钢筋笼作为抛投体大料，钢筋笼尺寸为 2.0m×1.0m×1.0m，重量约 3.2t；钢筋笼串为 2 个一串，主骨架钢筋用 12 号铅丝绑扎牢固（表 2－5）。

表 2－5　　　　　　　戗堤进占抛投料使用情况表

进占区段/m		进占长度/m	石渣/m³	中石/m³	大石/m³	特大石/m³	钢筋笼/个	钢筋笼串/个
预进占段	90～30	60	24000	5000	1000	—	—	—
龙口Ⅰ区	30～20	10	1800	1500	700	500	—	—
龙口Ⅱ区	20～5	15	1000	1200	1500	1300	120	20
龙口Ⅲ区	5～0	5	20	—	30	30	—	—
合计			21820	7700	3230	1830	120	20

二、截流施工应具备的条件及截流准备

（一）截流施工应具备的条件

（1）明渠具备分流条件。

（2）截流组织设计通过审批。

（3）截流组织机构成立。

（4）提前完成截流各项准备工作：机械设备配置充足，设备维修、保养完好，截流道路全部形成，道路畅通，截流备料充足启用方便。

（5）业主提供的相应条件到位，如施工道路等。

（二）截流准备

（1）截流水情预报及水文观测。截流前期要求作坝址以上流域的中、长期气象预报。同时，必须作坝址处中短期的水文预报，预报出截流期间坝址的来流量，并要求预报有无后期洪水发生。水位观测主要在导流明渠进口、导流明渠出口、龙口上游河床、戗堤沿线、下游河床，设置标尺进行流量、水位观测。截流期间应进行坝址上游、下游所设水文站的水文观测，测出截流时的实际来流量。龙口测速用简易方法进行，利用浮标测速。

（2）截流施工场地及交通管理。截流前应对所有截流施工场地进行整平，满足机械设备施工要求，对河床危险地带设置警戒线。对截流施工公路进行清理，保障交通顺畅。

（3）截流料场管理。对截流材料应按截流设计分区堆放，规划好进出堆料

场的道路，以便截流时根据进占实际情况供料。

（4）截流指挥调度。加强截流施工的组织指挥工作，成立以施工单位为主、业主、监理、设计等单位参加的统一的截流指挥机构，使所有命令得到切实执行。

（5）其他准备措施。①切实做好导流明渠的分流工作，拆除导流明渠进口和出口围堰时，必须满足设计要求，使导流明渠达到设计要求的分流能力；②安排进行截流施工的实战演习，检查施工机械联合作业的配套能力、施工人员的操作技术、组织指挥系统、后勤保障能力等项目，确保实际截流的成功。

三、截流规划

根据类似工程经验，结合本工程特点，截流施工重点在上游戗堤的进占、合龙，下游戗堤的进占、合龙滞后上游一定时段，以降低施工难度和资源投入，以下主要对上游截流做详细说明，下游截流仅做备料和资源投入的考虑。

（一）截流现场布置

上游截流戗堤下游布置一个回车平台（30m×50m），布置推土机两台。

在纵向混凝土子围堰右侧的平台上布置一个设备停放场，在左岸一期上游土石围堰拆除前停放一部分设备并布置跨明渠加油管路，用于下游戗堤左岸进占。

（二）截流道路布置

左岸预进占施工道路主要利用左岸开挖施工道路、下游截流施工道路。

上游截流施工道路：4号公路（水泥厂渣场处）→2号索桥右岸桥头→6号公路→截流戗堤。

下游截流施工道路：上游低水围堰→下游截流施工道路→下游截流戗堤。

（三）截流备料及料场规划

（1）石渣料：①右岸水泥厂渣场；②纵向混凝土子围堰右侧。

（2）大块石备料场：①右岸水泥厂渣场；②右岸开挖；③纵向混凝土子围堰右侧。

（3）钢筋笼备料场：子围堰右侧50个，其他备在左岸开挖区，提前装车，停在4号公路边。

对截流材料应按截流设计分区堆放并设立标示牌，规划好进出堆料场的道路，以便截流时根据进占实际情况供料。

四、截流施工

截流施工的特点如下。

（1）工期紧、任务重。

（2）10号公路没有形成，施工道路布置困难，6号公路通行压力大。

（3）下游戗堤从左岸进占，机械设备加油需横跨明渠，难度大。

（一）戗堤进占

1. 施工程序

大江截流采取单戗单向进占，上游仓堤从右向左，下游戗堤从左向右。上游非龙口段，右岸进占60m，形成 $B=30m$ 宽龙口。

测量放样→道路、施工平台的形成→预进占→戗堤裹头保护→龙口合龙。

2. 施工方法

（1）截流预进占。根据截流戗堤设计和截流施工道路的布置等条件，本工程截流单向预进占，预留龙口宽30m，预进占采用挖掘机、装载机装渣，25t自卸汽车运输至戗堤端部，端进法卸料，推土机推进，戗堤行车路线拟布置双车道，堤头全面抛投。预进占至设计位置后，采用大块石作裹头保护，保护水位以下预进占戗堤不被水流冲刷淘空。预进占同时于上游侧填筑围堰堆石体，堆石体与戗堤之间填筑土石混合料，堆石体及土石混合料的填筑高度与截流戗堤相同，滞后截流戗堤20m，形成截流回车平台（图2-4）。

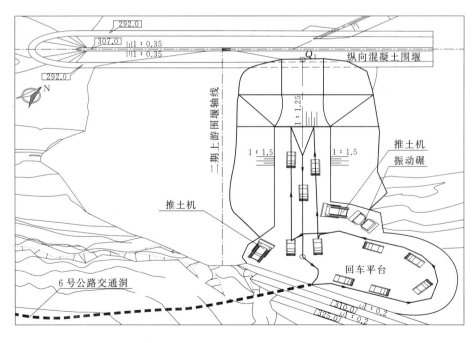

图2-4　截流戗堤堤头设备布置图

（2）龙口合龙。截流采用单戗堤单向立堵截流方式。堤上车辆运行线路拟布置为三车道，重车在上、下游，空车走中间，重车道用来运输大石、中石、石渣、混合料及截流特殊材料。截流车辆在截流回车平台调头，倒退至龙口处卸料。

截流戗堤龙口段主要采用全断面推进和凸出上游挑角法两种进占方式。

1）全断面推进：是在水力条件较好，流速较小时一般材料可满足，2个卸料点进占。

2）凸出上游挑角法：即在堤头上游侧与戗堤轴线成 30°～45°角的方向，用大块石和特殊材料抛填形成一个防冲矶头，在防冲矶头下游侧形成回流区，中小石、石渣混合料尾随进占。

（3）堤头抛投拟采用直接抛投、集中推运抛投和卸料冲砸抛投 3 种方法。

1）直接抛投：即自卸汽车运料至堤头后直接卸料入水中，少量渣料由推土机配合推入水中。

2）集中推运抛投：在堤头坍塌较严重，自卸汽车不便靠近或渣场需集中抛入水中时，自卸汽车卸料在堤头顶上，由大功率推土机将渣料集中推入水中。

3）卸料冲砸抛投：将特殊材料从自卸汽车上直接卸料抛入水中，冲砸抛投。

龙口抛投方式与方法根据现场堤头推进实际情况及时进行调整。

（二）截流施工主要技术要点

（1）按龙口进占先后顺序，分为预进占区→龙口Ⅰ区→龙口Ⅱ区→龙口Ⅲ区。

（2）预进占区作为截流施工平台，应满足 30m×50m 的施工场地，控制高程为 296.0m。预进占区施工时间应在截流前 2～3 天完成。主要施工内容有：形成截流施工平台、场地平整、龙口边坡进行大块石保护、布置机械设备位置、在平台边缘地带设置小红旗警示，并有安全指挥员全天候值班。预进占区填筑料为土石渣混合料，粒径控制在 $d=0.1～0.4m$，其中龙口大块石护坡要求块石粒径大于 0.4m。

（3）龙口Ⅰ区：堤顶宽度 15m，能满足 2～3 辆 20t 自卸汽车同时进行抛投。该区填筑料控制粒径，中石 0.2m$<d<$0.4m，其中粒径 0.3～0.4m 块石含量大于 60%；大石 0.4m$<d<$0.8m，其中粒径 0.8m 块石含量大于 60%。抛投时辅以推土机、装载机集料、平整，碾压机碾压。

（4）龙口Ⅱ区、Ⅲ区：该区填筑料控制粒径，大石 0.55m$<d<$1.1m，其中粒径 0.8m 块石含量大于 60%。截流最困难时应采用钢筋笼、特大块石。铺以推土机、装载机集料、平整。

（5）截流过程中应根据龙口落差、流速测量资料，随时调整抛投时材料。

（6）截流施工机械设备布置：预进占区布置推土机、装载机、碾压机、汽车吊车进行集料、平整、清理截流施工平台。截流车辆布置在右岸 6 号公路并靠右侧停放。水泥厂渣场布置挖掘机、推土机、装载机、汽车吊车。

（7）截流时在上游面设置动态水位观测，测定河床来流量，河床分流量和导流明渠分流量。

（8）应密切关注中期、长期和短期流域降雨量、流量和可能发生超过截流流量的预报，根据水情预报做好必要的加高截流戗堤作度汛准备，如发生超标洪水时（即超过截流流量 $Q_{20\%}=778\text{m}^3/\text{s}$）时，在截流戗堤上游面作顶宽 2m、底宽 4m、高 2m 的子堰进行挡水，子堰材料采用黏土草袋。当预计将发生超过子堰的洪水时，应作好截流戗堤上机械设备和人员安全撤出工作。

（9）截流材料集中堆放于右岸水泥渣场，并按截流进占分区、块石粒径大小进行集中堆放，设置专人管理、调度。按设计图纸进行截流备料。

（10）清除截流施工道路上的违规建筑以及影响截流的临时设施，封闭施工作业场地，维护截流施工道路，确保道路畅通，并且设置警戒区，与截流施工无关的一切外来车辆、人员等不得进入。

（11）戗堤非龙口段进占抛投一般为中小粒径料全断面抛投施工，进占过程中，如发现堤头抛投材料有流失现象，则在堤头进占前沿的上游挑角先抛投一部分大中块石，在其保护下，使堤头水流在下游侧形成回流缓流区，再将中小石抛填在戗堤轴线的下游侧和上游侧。

（12）在进占过程中，抛投料出水面后，及时采用石碴加高，戗堤顶用碎石进行铺筑施工，并安排专人养护路面，确保截流施工道路满足大型车辆阴雨天畅通无阻的要求。

（13）截流前，所有投入的各种大型机械设备（自卸汽车、挖掘机、装载机、推土机、吊车等）必须检修、保养，以保证设备的性能完好，操作人员必须经过培训后持证上岗。

（14）加强对戗堤上的施工机械及工作人员统一指挥，为防止堤头坍塌危及汽车及施工人员的安全，在堤头前沿设置一排石碴埂，并配备专职安全员巡视堤头边坡变化，观察堤头前沿有无裂缝出现，发现异常情况及时处理以防患于未然。

（15）抛投过程中，自卸汽车后轮至堤头前沿距离通过水上斜坡抛投试验确定。

（16）鉴于截流进占抛投强度较大，抛投材料多，对抛投同一种材料的汽车须作上相同标记，并分队编号，以便于指挥。一个车队的车辆尽量装运固定料场的抛投料。

（17）下游截流戗堤尽可能在上游预进占前完成，并进行堤头保护，以抬高水位，减少落差，为上游截流合龙减少难度。

（三）降低截流施工难度的措施

（1）加强中期、近期水情预测，尽可能在小流量下截流，在截流方式决定后，截流难易取决于截流流量。截流时应充分考虑区间流量变化等特点，在作好截流准备工作后，通过水情预测，选择最有利的时机截流。

（2）讲究抛投技术，增加物料稳定。在截流戗堤进占过程中，先用大块石、钢筋石笼在戗堤上挑角抛投，将高速水流挑离堤端，提前束窄龙口水面宽度，减小水流量，以增加戗堤稳定性，减少流失。同时充分利用大型汽车增加抛投强度，以增加物料整体稳定性。

五、截流施工强度分析

（一）上游戗堤施工进度与强度分析

龙口抛投强度用以下公式计算：

$$S = m \times n \times V \times P$$

式中 S——龙口抛投强度，m^3/h；

m——一个堤头的同时卸车点，顶宽 20m 时按 3 个计；

n——一个卸车点上的小时卸车数，根据经验值取 15～20 车/h；

V——20t 汽车一次装运按 $9m^3$、25t 汽车一次按 $12m^3$ 装运，$m^3/$（台·次）；

P——同时进占堤头数，1 个。

根据以上公式及所取参数，戗堤堤头抛投强度为 405～720m^3/h。根据龙口抛投材料计划，并考虑流失系数，龙口合龙段总抛投量 9900m^3（不含特殊材料），计划 24h 合龙，平均抛投强度为 413m^3/h（表 2-6）。

表 2-6　　　　　　　　各分区抛投强度一览表

项目	工程量/m^3	施工工期	小时强度	时段
预进占段	30000	4d	313	11 月 24—25 日
龙口Ⅰ区	4500	11h	409	11 月 25 日 12：00—23：00
龙口Ⅱ区	5320	12h	444	11 月 25 日 23：00—26 日 11：00
龙口Ⅲ区	80	0.3h	267	11 月 26 日 11：00—11：18

（二）主要设备强度分析

1. 自卸汽车

截流施工时所使用的 20～25t 自卸汽车平均按 10m^3 装料，平均装车时间 6min，运距按平均 1.0km 计，往返以 15km/h 的速度行驶，卸料时间按 3min，汽车一次工作循环时间为 20min。戗堤施工强度合计为 720m^3/h，则自卸汽车数量为：720÷（10×60÷20）＝24（台），运输特殊材料的车辆定为 10

台，再考虑 6 台备用，左岸布置 10 台，共需自卸汽车 50 台。

2. 挖装设备

ZLC50 装载机（3.0m³）1 台，生产能力为：210m³/h；

PC400 液压反铲（1.8m³）1 台，生产能力为：155m³/h；

PC360 液压反铲（1.6m³）1 台，生产能力为：128m³/h；

PC300 液压反铲（1.4m³）2 台，生产能力为：180m³/h；

PC220 液压反铲（1.2m³）4 台，生产能力为：315m³/h；

CAT320 液压反铲（1.2m³）3 台，生产能力为：236m³/h。

总计生产能力为：1223m³/h≈720×1.7（保证系数），满足要求。

3. 推土机

左岸、右岸各配置 2 台（其中左、右岸各备用 1 台），共计 4 台，即可满足施工要求。

六、截流实施

按制定的截流方案，工程于 2007 年 12 月 6 日顺利实现了二期（右岸）载流，过程中总体实施效果较好。

第三节　围堰闭气具体施工方案及方法

大坝土建工程二期右岸导截流后，上游、下游围堰分别填筑至 296.0m、294.0m 高程作为围堰闭气灌浆施工平台。该高程以下部分作防渗灌浆闭气，以上部分为黏土芯墙防渗。

上、下游围堰防渗闭气灌浆于 2007 年 12 月 10 日开工，于 2008 年 3 月 18 日完工。

一、孔位布置及主要工程量

（一）上游围堰灌浆孔的布置

上游围堰的防渗帷幕灌浆采用一排孔布置，左、右堰头部位三排孔布置，施工过程中对局部较大的渗漏部位再在上游面增加第一排孔（间距为 1.0m）。

（二）下游围堰灌浆孔的布置

下游围堰灌浆孔的布置分两部分，右岸深槽部位（右岸 46m 范围）采用三排孔布置，孔距 1.5m，排距 1.0m，先施工背水排，再施工迎水排，最后施工中间排。左半部分布置一排孔，孔距 1.0m。灌浆孔孔深均为进入基岩 1.0m。

（三）主要完成工程量

结合上游、下游围堰钻孔分析后，灵活采取多种防渗闭气灌浆施工方法，取得了良好的闭气效果。完成工程量如下：

上游围堰共钻孔 178 个共 3053.4m，材料：水泥 4150t，砂 863.7t，水玻璃 90.48t，化灌材料 225kg，膨润土 193t，碱 968t，稻草 7.337t，海带 1.826t。

下游围堰共钻孔 239 个共 5076.9m，材料：水泥 3564.9t，砂 1024.61t，水玻璃 87.293t，锯木粉 10.42t。

二、施工总布置

（一）制浆站的设置

上下游分别在围堰防渗轴线内侧、临近纵向混凝土围堰部位搭设水泥平台，建设制浆站。

（1）水泥平台采用 ϕ50mm 钢管搭制，长约 4m，宽 2.5m，上铺设木板，顶设防雨棚。

（2）根据施工工法的需要，分别配备高速搅拌机、高压灌浆机、砂浆泵等组成制、灌浆主系统，同时配备砂浆搅拌机、化学灌浆泵等灌浆设备满足掺和料的添加及双液灌浆需要。

（二）风水电的布置

（1）在上下游围堰制浆站附近各安设移动式空压机 1 台（上游围堰 21m³，下游围堰 3.5m³），即满足施工用风的需要。

（2）上下游围堰分别在基坑内安设 5.5kW 水泵 2 台（一台备用），抽取基坑内经沉淀后的河水，满足施工用水的需要。

（3）采用动力电缆就近搭接本标供电变压器，满足用电需要。

（三）排污系统的布置

上下游围堰分别在防渗轴线内侧（即靠基坑方向）挖一 0.2m×0.2m 的积水槽和一 0.5m×0.5m×0.5m 的积水坑，接受施工中的废水、废浆，待沉淀后，将清水抽排至指定排放点，沉淀物由专人清理并装袋运至弃渣场。

三、主要施工程序及方法

根据上下游围堰不同的地质情况，二期上游围堰的防渗帷幕主要采用控制性水泥灌浆工艺实施，同时利用控制性浆液能顶水上行的水泥灌浆堵漏工艺对局部较大渗漏通道进行封堵施工，控制性水泥灌浆技术及其控制浆液能顶水上行的水泥灌浆堵漏工艺是立足于从灌浆可控性角度出发，结合流体和固体的受力特征，应用水泥浆液加化学外加剂后能使水泥浆液迅速失去流动而变成凝固体的特性，而形成的新的灌浆工艺构思和施工措施。它通过控制水泥浆液的凝胶时间，使水泥浆液在扩散过程中迅速失去流动性，其渗透压力会迅速消失，但水泥结石体还不会产生骨架作用，即软塑体，仍能被挤压滑动，从而有效地控制灌浆升压问题，且不会导致产生浆液流失。该技术就是利用这一原理，使地层产生挤压密实变形和挤压滑动，控制灌浆压力对地层产生的附加压应力值达到足够值后而对地层进行回填置换和挤密、挤实。

二期下游围堰的防渗帷幕主要采用塑性灌浆工艺实施，首先不在浆液中加速凝类材料，而是当浆液消耗达到一定量以后，如果灌浆仍无回浆或压力，根据具体情况加外加剂。

（一）上游围堰施工程序及方法

1. 施工程序

针对本工程的实际情况，上游围堰的施工程序主要分为以下四个步骤，即黏土层的挤压密实→堰基部位防渗处理→局部加强→质量检查。施工重点在于第二步，即堰基与河床的接触部位、河床基岩以上部位的防渗处理。

2. 0＋00.00m桩号（以纵向围堰与横向围堰的交界处为0＋00.00桩号）至0＋40.10m桩号防渗帷幕灌浆主要工序施工方法

（1）钻孔。

1）采用CM351履带式气动钻车冲击跟管钻进成孔，钻孔孔径为150mm，部分Ⅰ序孔兼勘探孔钻孔深度为入岩5m，其余孔钻孔深度为入岩1m，若入岩1m发现有不良地质发育则加深孔深，一般处理深度不超过基岩5m，套管要求跟进至入岩1m，"套管法"灌浆，即直接利用套管作为注浆管，在注浆管管口安装盖头连接进浆管和压力表，采用螺杆泵进行自下而上分段、纯压式灌浆工艺。

2）钻孔的孔位、孔向、孔斜等指标按《水工建筑物水泥灌浆施工技术规范》（DL/T 5148—2001）相关要求控制。

3）在钻孔过程中特别注意钻孔的返碴及钻机的运转情况，并根据其返碴及钻机的运转情况进行判断填筑层、河床砂卵石层和基岩深度和厚度。

4）各种地层的钻孔判断：填碴层钻孔一般钻进速度快，时有卡钻现象，返碴岩质、颜色与填筑料的岩质、颜色相一致；砂卵石层一般钻进速度较快，返碴为河砂，比较易于区分；当钻孔遇到大块石分布架空地段时，冲击器运转一般不正常，出现失风或孔间串风、掉钻等现象；钻孔进入基岩后钻进速度一般变慢，冲击器运转一般比较正常，返碴由河砂转为石碴（岩质一般为黑色），持续钻进5m（先导孔）无河砂返出，基本确定为基岩。

（2）灌浆。

1）进行孔底基岩1m下不良地质孔段注浆，达设计压力后，利用拔管机边拔管边灌浆，直至拔至抛填层后，进行河床与基岩接触段灌浆，用砂子对钻孔中揭示的砂砾石层的泥质有机物进行置换后灌浆（砂砾石层的含泥量有机质较多，无法与水泥浆凝结成帷幕体）。河床与基岩接触段灌浆结束后，在继续灌浆的同时缓慢提升套管对抛填层进行灌浆，当拔管过程中出现压力骤然下降或消失时停止拔管，就此进行灌浆。

2）灌浆自下而上分段进行。

3）水泥选用强度等级为 32.5 的普通硅酸盐水泥，水灰比全部选用 0.8∶1 一个级配。

4）灌浆压力以进浆管压力控制，各段压力值按标准执行（表 2-7）。

5）灌浆结束标准：达到要求灌浆压力且已灌入一定的浆液量后可结束灌浆。

表 2-7　　　　　　　　　　　灌 浆 压 力 表　　　　　　　　单位：MPa

孔深	灌浆压力		备注
	Ⅰ序孔	Ⅱ序孔	
0～10m	0.5	0.5	
10m 以下	1.0	1.0	

（3）特殊情况处理。

1）遇砂砾层、塌孔的处理：用压力水进行冲洗，砂子或混凝土对砂砾石层中的泥质有机质进行置换后灌浆。

2）大耗浆孔段处理：对于吸浆量大的孔段难以结束时（注浆量大于 1t/m），可采用浓浆、间歇灌浆、待凝，灌入水泥砂浆（砂子占水泥重量的100%～200%），加入速凝类掺加剂，加入海带、锯木粉、稻草、麻类纤维物等掺和料措施。

（4）质量检查。控制性水泥灌浆的质量检查以压水试验为主，结合取芯检查、基坑渗漏水量综合评定。检查孔数量按总孔数的 5% 控制。

3. 0+40.10m 桩号（以纵向围堰与横向围堰的交界处为 0+00.00m 桩号）至 0+87.20m 桩号防渗帷幕灌浆主要工序施工方法

0+40.10m 桩号（以纵向围堰与横向围堰的交界处为 0+00.00m 桩号）至 0+87.20m 桩号防渗帷幕灌浆主要以膏浆灌浆为主要防渗手段，膏浆灌浆孔采用冲击跟管钻进成孔，灌浆采用"套管法"，即直接利用套管作为注浆管，在注浆管管口安装盖头连接进浆管和压力表，采用螺杆泵进行自下而上分段、纯压式灌浆工艺，灌浆分段长度为 1.5～3.0m。

上下游排膏浆灌浆按分三序加密的原则进行。先施工下游排，后施工上游排，若下游排堵漏效果好，则可取消对上游排的施工。同排孔先施工Ⅰ序孔，后施工Ⅱ序孔，再施工Ⅲ序孔。其中Ⅰ序孔孔径为150mm，孔间距为4m，其中下游排Ⅰ序孔作为先导孔，用于判断孔下地质情况，孔深要求入岩5m，套管跟随入岩1m后改钻头钻孔，套管不再跟进；Ⅱ序孔孔径为150mm，孔间距为4m，在相邻的两个Ⅰ序孔之间布置，与Ⅰ序孔间距为2m，孔深要求入岩1m；Ⅲ序孔孔径为150mm，孔间距为2m，在相邻的两个Ⅰ序孔和Ⅱ序孔之间布置，距相邻的Ⅰ序孔和Ⅱ序孔的间距为1m，孔深要求入岩1m。

套管法灌浆时，首先进行孔底纯水泥浆注浆，达设计压力后，利用拔管机边拔管边灌浆，直至拔至基岩面后，进行基岩段灌浆。孔底段灌浆结束后，在继续灌浆的同时缓慢提升套管，当拔管长度超过1根套管长度或出现压力骤然下降或消失时停止拔管，就此进行灌浆。

（1）钻孔。

1）钻机就位：采用KR803－1型全液压履带式钻机和MGY－80/100型液压冲击钻机造孔，通过垫木、人工撬板的方式将钻机大致就位，然后将钻机调平，支起支架，采用重锤或地质罗盘仪检测和控制钻机立杆的垂直度，经现场质检人员确认和认可后，方可进行下一道工序施工。

2）开钻：开钻前将钢套管安装到位，检查现场施工各项准备工作是否完成，如钻杆、套管、机械状态、安全防护设施等，全部准备工作完成后，经过现场质检人员认可后开钻，开钻时采用缓慢钻进，钻进1m后进行垂直度检测，若发生偏斜则必须进行调整，以满足孔斜控制要求，没有偏斜则进入正常速度钻孔。

3）钻孔：在钻孔过程中特别注意钻孔的返碴及钻机的运转情况，并根据其返碴及钻机的运转情况进行判断填筑层、河床砂卵石层和基岩深度和厚度。

4）各种地层的钻孔判断：填碴层钻孔一般钻进速度快，时有卡钻现象，返碴岩质、颜色与填筑料的岩质、颜色相一致；砂卵石层一般钻进速度较快，返碴为河砂，比较易于区分；当钻孔遇到大块石分布架空地段时，冲击器运转一般不正常，出现失风或孔间串风、掉钻等现象；钻孔进入基岩后钻进速度一般变慢，冲击器运转一般比较正常，返碴由河砂转为石碴（岩质一般为黑色），持续钻进5m（先导孔）无河砂返出，基本确定为基岩。

5）钻孔记录：先导孔在钻孔过程中，详细、准确记录钻孔时遇到的各种现象，根据返碴情况、钻进速度、钻机及冲击器运转情况判断地层分层深度，大块石的分布、埋深、粒径及地层架空、漏失、串通等情况，钻孔人员通知技术质检人员在现场作出详细记录，以指导下步施工。

当先导孔全部完成后，结合已有的地质剖面，绘制《上游围堰灌浆轴线地质剖面图》，为后续施工提供充实的地质资料，并为后继钻孔控制底高程提供参考依据。

6）终孔：先导孔钻入基岩 5m 后，停钻终孔。其他各序钻孔根据先导孔钻孔记录绘制的《上游围堰灌浆轴线地质剖面图》确定设计孔深深度，在钻到设计孔深时，根据钻孔速度、冲击器运转情况和孔口返渣确定是否入岩，入岩 1m 后停钻终孔，未入岩者继续钻进，直至入岩。若入岩高程误差与先导孔揭示的基岩高程差值计算的控制高程差达到 3m 以上时，按先导孔结束标准进行控制。终孔后进行孔深、孔斜的测量，并做好记录，经过质检人员签字认可后方可最终结束钻孔，移开钻机。

（2）灌浆材料。

1）水泥：采用 P.O32.5 级的普通硅酸盐水泥。每批水泥要按要求取样进行检测，符合设计要求后方可使用。

2）膨润土：液限大于 400%，小于 0.08mm 的颗粒含量大于 80%。必要时加入适量 Na_2CO_3 分散剂和 CMC 增黏剂。

3）水玻璃：模数为 2.8～3.5，其浓度采用 30～38 波美度。

4）掺和料：海带、砂、米石、水玻璃、锯木粉、稻草、麻等纤维物等。

（3）浆液拌制。

1）各类浆液必须搅拌均匀，用比重称测定浆液比重，并做好记录。

2）纯水泥浆液的搅拌时间：使用普通搅拌机时，不少于 3min；使用高速搅拌机时，不少于 30s。浆液在使用前过筛，从开始制备至用完的时间小于 3h。

3）高速搅拌机搅拌转速大于 1200r/min，搅拌时间不少于 30s。

（4）膏浆浆液。其配方根据现场材料试配出各种流动指标的浆液，并从中优选符合围堰灌浆需求的最佳配比，在施工中根据地层孔隙大小适时调整浆液配比。

（5）浆液变换标准。

1）一般以 0.5:1 纯水泥浆液开灌。

2）灌注 0.5:1 纯水泥浆液时，灌注量如达到 500L，则改用 0.5:1:0.1 配比膏浆灌注。

3）在灌浆总量达到 5000L，灌浆管无压力或流量大于 50L/min 时，采用混合浆进行灌注，混合浆液中的掺料按锯末、稻草、海带顺序（物料粒径逐步增大）掺入，首先掺入锯末，在掺料过程中逐步增加掺量，灌注 5min 后仍然压力变化不大，再掺入稻草和海带，不得一次掺入过多掺料堵塞灌浆管，随时观察灌浆压力，如果压力仍然无变化，则采用间歇灌浆方式施工，间歇时间为15～30min；如果压力开始上升时，不再掺入掺料，如果吸浆突然停止，及时查明原因，若是堵管（套管），则进行扫孔后恢复灌浆。

4）灌浆压力达到设计标准后开始拔管，在拔管过程中压力丧失为零或下降达到 0.05MPa 以下时，维持灌浆配比不变继续灌浆，如果有压力，灌浆流量减小，则需回到开灌时的 0.5∶1 水泥净浆进行灌浆，并按 2）、3）、4）的步骤进行浆液变换。

5）灌浆前、浆液变换时、灌浆结束时均应测量浆液密度，灌浆过程中亦应每隔 15～30min 测量一次浆液密度，并记录在灌浆记录表中。

（6）灌浆压力。Ⅰ、Ⅱ序孔灌浆压力（进浆压力）为 0.3～0.5MPa，Ⅲ序孔灌浆压力（进浆压力）为 0.5～0.7MPa，可根据灌浆情况及吸浆量大小进行调整。如Ⅲ序孔吸浆量大于 5000L，压力无变化时，则灌浆压力可采用Ⅰ、Ⅱ序孔的灌浆压力。

（7）结束标准。Ⅰ、Ⅱ序孔达到了规定的 0.2～0.5MPa 压力（初始灌浆无压时）且基本不吸浆（吸浆率小于 25L/min），或达到规定的灌浆压力，吸浆量仍较大，并采取相应的灌浆措施而灌浆压力仍保持不变，吸浆量已达到 4000L 时，可以提管 20～30cm；Ⅲ序孔达到灌浆压力（进浆压力）0.5MPa、且基本不吸浆（吸浆率小于 25L/min）时，即可结束本段灌浆进行拔管，提管 15～25cm；孔口返浆，进行封堵加压灌注 5min 后，可结束本孔灌浆。

（8）特殊情况处理。

1）施工过程中，如遇大块石和孤石，做好详细记录，灌浆时，兼顾空隙大小，及时按浆液的变换标准调整浆液配比，灌浆过程中可采用间歇灌浆、灌混合浆、添加速凝剂等，以控制浆液扩散范围。

2）为防止套管上拔困难，在灌浆起压后每隔 30min 拔管 5cm 左右。在间歇灌浆期间，必须活动套管，且要保证在提升过程中孔口有压，严禁在无压的状况下起拔套管。

3）在漂石、块石集中层和龙口段，由于漏浆严重，可调整可控性浆液的流动性能指标，采用较浓膏浆封堵，确保架空部位封堵密实。对于吸浆量特别大的孔段（孔段总注入量大于 5000L，仍不起压），可采用提高浆液的速凝性能、掺加纤维材料等方法灌注或不连续灌浆技术进行灌注。

4）灌注膏浆时，灌浆管路的长度一般不得超过 20m，如果因孔位布置，需要超过 30m 的，在使用较浓的膏浆时，可以灌一槽较浓的膏浆，再灌一槽普通膏浆，确保管路的顺畅，如果超过 40m，采用接力灌注。

5）灌浆过程中，遇细砂和级配好的地层，吸浆量过小，根据实际情况并报监理工程师批准后，调整浆液配比，采用纯水泥浆液灌注。

6）在被动采用了间歇灌浆（如供浆不及时）或套管被堵时，用冲击钻机在套管内扫孔至灌段段底以下 1.0m，再上拔套管 10cm 左右继续灌注。

（9）灌浆孔回填。每个灌浆孔结束灌浆后，采用浓浆回填钻孔。由于浆液终凝干缩后，在钻孔上部会出现脱空现象，因此，须自原孔位扫孔至干缩浆液顶面后，采用原配比浆液进行回填，直至灌浆孔不再出现脱空，确保防渗帷幕与上部结构物的连接及防渗效果。

（10）废孔处理。凡因故报废的钻孔，均按下列原则进行处理。

1）报废孔应按要求进行封孔，并有封孔记录。

2）在距报废孔 20cm 的范围内重新开孔。重开孔按技术要求钻进至设计孔深，然后采用套管法自下而上进行灌浆。

3）报废孔的一切原始记录与新开孔的记录资料一并整理归档。

（二）下游围堰施工程序及方法

1. 施工流程

围堰灌浆施工工艺流程见图 2-5。

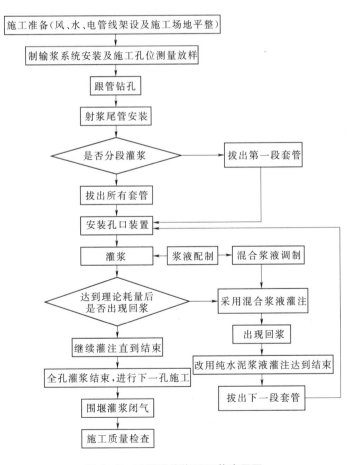

图 2-5　围堰灌浆施工工艺流程图

2. 主要工序施工方法

（1）钻孔布置。钻孔总体考虑单排孔布置，孔距均为 1.0m，钻孔轴线布置在下游围堰中心轴线偏下游 1m。

（2）工艺参数设置。

1）孔深：设计孔深进入完整基岩 1.0～2.0m。

2）灌浆孔距：采用单排布置，孔距均为 1.0m。

3）孔径：钻孔直径为 150mm。

4）施工次序：设计灌浆孔分为Ⅰ、Ⅱ序进行，在施工中，为更好地探测到漏水深度及宽度，每 6～8m 布置一个孔，再依次加密，最后形成一道完整的防渗幕墙。

5）灌浆压力：灌浆压力的确定一般根据水头大小而设计。按照所承受的水头大小确定Ⅰ序孔灌浆压力，Ⅰ序孔灌浆压力设计为最高洪水位相应的水头压力，Ⅱ序孔在Ⅰ序孔的基础上提高 20% 左右。暂定灌浆压力为：Ⅰ序孔：0.15MPa；Ⅱ序孔：0.18MPa。实际灌浆过程中，可能出现孔口冒浆等情况发生而不能达到灌浆压力，因此当冒浆位置距离灌浆孔 1.5m 以外并冒浓浆后该灌浆孔可以结束灌浆。

6）水灰比：由于漏水带地层比较复杂，渗漏间隙及水头差大，使用浓砂浆（或者混合浆液、膏浆及加化学外加剂）进行灌注Ⅰ序孔，将主要空隙充填，然后再用稀浆对小的渗水点进行封堵灌注。建议Ⅰ序孔采用水灰砂比为 0.5∶1∶0.5～0.5∶1∶1 的浓砂浆进行灌注；Ⅱ序孔首先采用 0.5∶1 的纯水泥浆开灌，根据情况变为高效速凝混合砂浆灌注。外加剂：砂掺量为水泥量的 40%～80%，水玻璃掺量为水泥量的 3%～5%，锯末掺量为水泥量的 5%～15%，还有速凝剂和聚氨酯等。

（3）钻孔工艺。全孔采用风动潜孔钻偏心跟管钻进。钻孔直径一般在 150mm。钻机使用潜孔钻机进行钻孔。每台钻机需配置 20m³/min 空压机供风，配备必要的钻杆及套管。钻孔结束后，待灌浆射浆管路安装完毕后，使用拔管机将孔内套管拔出。根据实际情况如：成孔难度较大，可待灌浆返浆后再拔套管。

（4）灌浆方法。利用套管作为孔口管，结合地层渗漏程度，采用"孔底循环、孔口封闭灌浆"的方法进行处理，一般分段段长控制在 1.5～3.0m。

（三）右岸堰头的渗漏通道的处理

根据右岸堰头的地质条件，上下游围堰均存在河水绕右岸堰头山体渗漏的可能性，基坑抽水后，一经发现绕渗情况，采取以下措施进行处理。

（1）在右堰头部位增设 6～8 个斜孔，进行灌浆封堵。

（2）在右岸堰头山体上增设灌浆孔，进行灌浆封堵。

（四）围堰底部渗漏通道的处理

根据地质条件分析，类似纵向围堰子堰底部溶蚀深槽渗漏情况，在上下游围堰中也极有可能发生，采取的应对措施为：

（1）通过部分Ⅰ序孔兼勘探孔的钻孔施工，进一步探明防渗轴线下基岩内的地质情况。

（2）一经发现防渗轴线下基岩内存在可能产生渗漏的溶蚀裂隙或破碎层，立即报告监理人，并按监理人的指示执行。

（3）进入基岩1.0m之外的所有钻孔、灌浆等作业，已超出本合同项目的工作范畴，如需施工，随即启动工程变更程序。

四、施工过程中采取的措施

在实际施工过程中，上游、下游围堰各分为4个单元，由于闭气灌浆施灌前，工期较紧，作业面上施工队伍及机具较多，施工场地受到限制，故未做钻孔取芯等地堪复查工作来判定帷幕底线以及堰基地层地质条件。

在实际施工中，根据造孔难度大、易塌孔等困难，采用了跟管钻进，拨管，自下而上进行灌浆的施工工艺，大大提高了造孔的成功率和灌浆效果。

根据设计图纸，一排孔施工完后在基坑抽水时水位下降缓慢，经业主、设计、监理和施工四方现场分析后认为：深槽部位一排孔难以形成防渗体，研究后决定深槽段增加一排加强孔，在钻孔时试探性地钻穿34.9m基岩后发现下面还有一层砂砾石，继续加深钻至下一层基岩，钻孔深度基本上达到40m左右。

二期上下游围堰主要工程量及质量自查见表2-8。

表2-8　　　　　　　　二期上下游围堰防渗灌浆质量自查表

部位		孔数/个	灌浆长度/m	注灰量/kg	单位耗灰/（kg/m）	施工日期	自评
上游围堰	1单元	55	876	1289161.6	1471.65	2007-12-19至2008-3-16	优良
	2单元	42	781.9	821985.3	1051.27	2007-12-19至2008-3-18	优良
	3单元	48	948.8	1650588	1739.66	2007-12-18至2008-3-18	优良
	4单元	33	446.7	388270	869.20	2007-12-18至2008-2-29	优良
下游围堰	1单元	61	775.3	504683.4	650.95	2007-12-21至2008-2-24	优良
	2单元	67	1235	732720	593.30	2007-12-19至2008-3-11	优良
	3单元	81	2297.2	1594481	694.10	2007-12-14至2008-3-13	优良
	4单元	30	769.4	733001	952.69	2008-1-6至2008-2-29	优良

第四节　实际施工方案与施工方法的优点与缺点分析

二期截流（右岸）实际施工中，根据现场实际施工条件，由于分期导流左岸交通受限，采用上游右岸单戗立堵法截流，左岸采取辅助措施，并做相应保护。下游围堰根据下游引航道隔流堤的设计更改，由原设计的拆线围堰调整为直线围堰，缩短了围堰轴线、减少了围堰填筑及防渗工程量。

一、二期截流施工的优点与缺点分析

（1）采用上游单戗立堵法截流。其优点有：①立堵截流准备工作简单，造价低；②立堵是传统的截流方式，积累了较丰富的经验。与平堵法相比缺点有：截流难度偏大，需较高的施工强度。

（2）采用先进行上游围堰截流。再进行下游围堰截流的程序施工。其优点有：可减少施工干扰，缓解设备压力，集中资源确保截流一次成功；其缺点为：相应增加上游围堰的水流落差，因鉴于本工程截流落差较小（最大落差仅1.66m），且上游戗堤距下游围堰轴线间距约470m，可基本不考虑下游围堰分摊截流落差。

（3）水流速较小时进占采用全断面推进。其优点为：推进速度快；缺点为：碴料在水中不易稳定，水流速大时碴料流失严重。

（4）水流速较大时进占采用凸出上游挑角法推进。其优点为：碴料在水中易稳定；缺点为：推进速度较慢。

（5）截流最困难时采用钢筋笼、钢筋笼串、特大块石抛填。其优点有：在水中稳定不易被水流冲走，可大大降低截流难度；缺点有：钢筋笼骨架在装运和抛投过程中容易散开，钢筋笼为方形不易滚落水中，会停在边坡上。

二、闭气施工的优点与缺点分析

（1）上游围堰的防渗帷幕主要采用控制性水泥灌浆。其优点为：适用于渗流量大的地质条件，可在动水中进行灌浆；缺点为：对施工工艺的要求较高，技术性强。

（2）下游围堰的防渗帷幕主要采用塑性灌浆，其优点为：方法灵活，经济成本低；缺点为：要根据实际情况及时调整灌浆材料，施工工艺复杂。

（3）在实际施工中，根据造孔难度大、易塌孔等困难，采用了跟管钻进，拔管，自下而上进行灌浆的施工工艺，有效提高了造孔的成功率和灌浆效果。

三、围堰施工变更情况

（1）由于受2008年年初凝冻灾害及右岸基坑深层岩溶渗漏涌水影响，设

计调整了 2008 年度汛面貌要求，并将原设计施工的右岸上、下游不过水围堰调整为过水围堰，在汛前完成围堰的过流保护施工。

（2）由于受 2008 年 11 月初 200 年一遇枯期超标洪水影响，上游围堰被冲毁、基坑进水，洪水过后，在原围堰上游进行了二次截流，并对原围堰进行了修复，满足基坑施工要求。

第五节　经　验　及　体　会

根据工程分期导截流的施工特点及现场的实际条件，在截流的准备、截流时机、载流方式及预案上均采取有针对性的措施，确保了截流的顺利实施；根据坝区处于强岩溶地区的实际地质条件，在围堰闭气上采取了多种施工措施，从钻孔、灌浆材料方面进行调整，取得了较好的效果。主要有以下几方面的经验及体会。

一、二期截流施工的体会及经验

（1）加强中期、近期水情预测，尽可能在小流量下截流，在截流方式决定后，截流难易取决于截流流量。截流时应充分考虑区间流量变化等特点，在作好截流准备工作后，通过水情预测，选择最有利的时机截流。

（2）立堵是传统的截流方式，积累了较丰富的经验，随着大型机械设备普及，立堵法截流更显其优势。

（3）当上下游围堰距离较长，截流落差较小时，可集中资源先进行上游围堰截流，再进行下游围堰截流的程序施工，以降低截流难度，保证截流一次成功。

（4）进占时可先采用全断面推进，当水流速大碴料流失严重时，可改用凸出上游挑角法推进。

（5）大块石串与钢筋石笼串相比较，钢筋石笼骨架在装运和抛投过程中容易散开，且钢筋笼为方形不易滚落水中，会停在边坡上。另外，同样体积的大块石串与钢筋石笼相比较，大块石串受到的浮力较小，在水中更容易稳定，所以，在条件允许的情况下，尽量选用大块石串（大块石粒径应大于 1.0m），一般可选 4~8 个块石连成一串。

（6）截流前的准备工作要充分，特别是设备及碴料的准备，根据截流时的实际流速及碴料的稳定情况，适当选择车辆的吨位及碴料的粒径。当截流困难时，加大龙口段的抛投强度。

二、闭气施工的体会及经验

（1）围堰基础地质条件是选择闭气灌浆方案的基础，闭气灌浆前一定要做好围堰基础地质条件复勘工作，详细了解围堰基础的地质情况，为选择更为合适、有效的闭气方案提供依据。

（2）水面线以上堰体防渗材料黏土、土工布等一种或多种方案。

（3）闭气施工过程中，应根据实际钻孔情况进行分析后，灵活地掺和带微膨胀性（台黄豆、海带）的材料灌注、掺水玻璃灌注、砂浆灌注或对空腔用细石回填后灌注，可达到较好的效果。

第三章 基坑土石方开挖工程

第一节 基坑土石方开挖工程概况

一、土石方开挖工程简述

右岸基坑开挖范围为坝纵 0−015.0m～0＋359.0m，坝横 0＋335.5m～坝横 0＋508.5m。包括大坝右岸坝基、消力池护坦、垂直升船机本体段、上游引航道、下游引航道基础。

大坝右岸坝基最低开挖高程 270m，大坝基础最宽处 73.125m；消力池护坦顺下游河道布置，护坦长度为 100m，宽 135m，护坦开挖高程 282～284m；垂直升船机本体段基础开挖最低高程 271.0m，上游引航道基础开挖最低高程 283.5m。共完成土石方开挖 30.79 万 m^3，其中土方开挖 1.3 万 m^3，石方开挖 29.49 万 m^3。根据投标文件右岸基坑 290m 高程以下坝基的开挖进度安排为 2007 年 12 月 16 日至 2008 年 2 月 15 日，受截流推迟、2008 年雨雪凝冻灾害、10～12 号坝段深层渗漏涌水等影响，实际开挖时间为 2008 年 1 月 8 日，2008 年 10 月 22 日全部完成右岸大坝基坑的开挖。

二、施工特点、重点及难点

（1）开挖过程中受到移民阻工、2008 年雪灾、坝基渗漏涌水等客观因素的影响，施工断断续续，强度分布不均，延长了开挖时间。

（2）右岸基坑开挖过程中，交叉作业较多，施工中合理安排工作面和施工设备，避免交叉作业影响施工。

（3）右岸通航建筑物坝段，10 号、11 号坝段、护坦、引航道等部位开挖控制高程变化大。

（4）坝基渗漏涌水严重，开挖及运输施工效率底，很难形成大规模开挖施工的条件。

（5）坝基开挖质量是本标的重点，沙沱水电站为碾压混凝土重力坝，坝基开挖质量要求高。

三、采取的主要措施

1. 高强度开挖技术保证措施

（1）在右岸基坑上下游均修筑施工道路，并加强道路的维护和交通指挥，确保道路畅通。

（2）结合现场地形条件和开挖体形，布置多个挖掘工作面同时施工。

2. 右岸基坑开挖质量保证措施

（1）针对不同部位和开挖体型，分别采取不同的控制爆破技术，坡比大于1∶1的边坡，采用预裂爆破技术，坡比小于1∶1的缓坡采用预留保护层，手风钻钻孔光面爆破，右岸基坑水平建基面采用柔性垫层爆破。

（2）结合右岸基坑开挖，进行各种控制爆破生产性试验，以获得合理优化的爆破参数。

（3）及时对已开挖边坡进行宏观（表面观察）和微观（声波检测）评价，据此进行爆破参数的调整。

3. 加快右岸基坑开挖进度保证措施

将开挖区分为三个区。Ⅰ区：10～12号坝段坝基部分（坝横0＋462.0m以左，坝纵0＋069.125m以上）；Ⅱ区：下游护坦部分（坝横0＋462.0m以左，坝纵0＋069.125m～坝纵0＋169.125m）；Ⅲ区：13号通航坝段及通航建筑物（坝横0＋462.00m～坝横0＋508.50m）。

4. 采用大坝建基面优化动态控制：时时跟踪的方式

施工单位在开挖时第一层按3m开挖厚度进行控制，经相关技术人员研究后再进行下一层的开挖，以便搞好优化工作。同时要积极配合物探检测单位开展工作，及时上报开挖揭露的地质情况，从而使施工优化工作顺利进行。

5. 特殊情况施工

对坝基渗漏涌水严重，无法形成干地施工的情况下，采取堵排涌水，水下钻爆、水下清挖的方式进行施工。

第二节　基坑土石方开挖具体施工方案及方法

一、施工分区和施工程序

1. 施工分区

将开挖区分为三个区，Ⅰ区：10～12号坝段坝基部分（坝横0＋462.0m以左，坝纵0＋069.125m以上）；Ⅱ区：下游护坦部分（坝横0＋462.0m以左，坝纵0＋069.125m～坝纵0＋169.125m）；Ⅲ区：13号通航坝段及通航建筑物（坝横0＋462.00m～坝横0＋508.50m）。

2. 施工程序

开挖施工的总程序：先岸坡后坝基，先土方后石方，先高后低分层分梯段进行开挖，不允许掏脚开挖。土方按实际层厚开挖，石方开挖层高不超过10m。

一般开挖流程为：开挖区测量放线→开挖区原始地形测绘及地质描绘→淤泥清理→梯段爆破开挖→保护层爆破开挖→出渣。

开挖与处理施工程序：基础开挖验收合格后即进行基础处理。在地质条件较好的部位，边坡喷锚支护可滞后开挖一层进行，在破碎带、软弱地质带，上一梯段的喷锚支护必须完成后才能进行下一梯段的开挖施工。右岸基坑开挖及处理施工程序见图3-1。

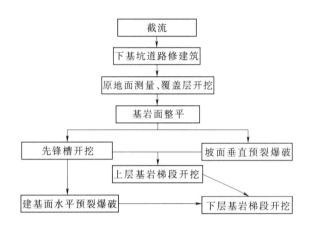

图3-1　右岸基坑开挖及处理施工顺序图

二、施工道路布置

施工道路根据合同文件关于渣料流向要求，施工部位的分布特点和工程进度计划安排，结合业主提供道路和开挖分区分层的实际情况，分阶段进行布置。新建临时施工道路起始端高程到达开挖区域开口位置，施工阶段遵循动态布置的原则，随开挖作业面下降延伸。施工道路为泥结石路面，转弯半径不小于15m，宽度不小于8m，最大纵坡坡度不大于10％。

三、土石方开挖施工

土方开挖工程量较少，直接采用$1.6\sim3m^3$挖掘机配$20\sim25t$自卸汽车运输出渣。

石方开挖采用钻爆法，坝基开挖采用分块梯段爆破，先锋槽及拉槽底板采取保护层开挖。单块爆破方量控制在1.2万m^3以内，单响最大装药量控制在300kg以内，对于结构设计边坡块体开挖，边坡采用预裂爆破法，坝基及马道预留保护层开挖采用水平光面爆破法。右岸大坝石方开挖的爆破设计如下。

（一）开挖钻孔爆破

1. 主要技术措施

对紧邻建基面上的梯段爆破，采取小梯段实施缓冲爆破开挖，爆破网络采用排间微差爆破。

对临近混凝土基础面的爆破，采用小梯段分层控制爆破，精密计算严格控制单响药量，必要时采用孔内、孔间排间微差爆破。

边坡采用预裂爆破开挖，水平建基面采用光面爆破技术。

沟槽开挖采用小孔径钻机钻孔，实施分层掏槽—扩挖—预裂（光爆）成形。

2. 梯段爆破

先用挖机清挖覆盖层，为爆破块创造良好的临空面，并在前缘布置加密孔，以弥补岩石自然坡厚度不均所造成的前排抵抗线不均的缺陷。钻孔设备以高风压潜孔钻机和液压钻为主。根据本工程地质条件，采用控制爆破技术。梯段爆破参数如下：

爆破孔孔径 $D = 90 \sim 105\text{mm}$；

爆破孔孔距 $a = 3.0\text{m}$；

爆破孔排距 $b = 2.5\text{m}$；

梯段高度 $H = 5 \sim 10\text{m}$；

钻孔深度 $L = 5.8 \sim 10.8\text{m}$；

药卷直径 $d = 70\text{mm}$；

不耦合系数 $Dd = D/d = 1.29$；

装药结构：连续装药；

填塞长度 $L_2 = 1.8 \sim 3.0\text{m}$；

最后一排孔为缓冲孔，距预裂面之间的距离为 $1.5 \sim 1.8\text{m}$，缓冲孔孔距 2.0m。

装药量 $Q = qabH$

式中　q——岩石爆破单位耗药量，暂取 $0.40 \sim 0.45\text{kg/m}^3$。

主要钻爆参数见表 3-1。

表 3-1　　　　　　　　深孔梯段爆破钻孔参数表

梯段高度/m	炮孔深度/m	炮孔直径/mm	炮孔间距/m	炮孔排距/m	药卷直径/mm	堵塞长度/m	装药长度/m	单孔药量/kg	平均单耗/(kg/m³)	备注
10	10.8	90	3.0	2.5	70	2.5	8.3	42	0.45	连续装药
8.5	9.3	90	3.0	2.5	70	2.2	7.1	35	0.45	连续装药
8	8.8	90	3.0	2.5	70	2.2	6.6	33	0.45	连续装药
7.3	8.1	90	3.0	2.5	70	2.2	5.9	29.5	0.43	连续装药
6	6.8	90	3.0	2.5	70	2.0	4.8	28	0.43	连续装药
5	5.8	90	3.0	2.5	70	2.0	3.8	19	0.40	连续装药

3. 边坡预裂爆破

大坝边坡开挖采用预裂爆破，不耦合间隔装药方式进行爆破。陡于1：0.5的边坡钻孔以高风压钻机为主，潜孔钻型辅助作业，预裂孔深度根据坝基两台阶高差或马道高度确定，大于10m高的台阶或马道主爆区采用分层爆破，但边坡是一次预裂。主要施工部位包括坝基右岸边坡和下游引航道边坡开挖；其他缓于1：0.5边坡建基面边坡采用潜孔钻机造预裂孔，并需搭设钻架配合潜孔钻钻孔。先形成预裂缝，降低主爆区爆破时对边坡及支护的振动影响；不偶合间隔装药使预裂爆破区受力均匀，成缝贯通，避免边坡因集中装药造成的破碎或贴坡现象。

根据岩石的类别、岩性类比工程经验，选择爆破参数如下：

爆破孔孔径 $D＝90\sim105$mm；

孔距 $a＝（7\sim12）D$；

式中　a——炮孔孔距，mm；

　　　D——爆破孔孔径，mm。

故 $a＝700\sim1200$mm；

取预裂孔孔距 $a＝1000$mm；

钻孔深度 $L＝3\sim14.6$m；

药卷直径 $d＝32$mm；

不偶合系数 $Dd＝D/d＝2.81$；

装药结构：间隔装药；

填塞长度 $L_2＝1.0$m。

选用预裂爆破钻爆参数见表3-2。

表 3-2　　　　　　　　　　预裂爆破钻爆参数表

梯段高度 /m	炮孔深度 /m	孔径 /mm	孔间距 /m	药卷直径 /mm	线装药量 /(g/m)	单孔药量 /kg	堵塞长 /m	装药结构
17	17	90	1.0	32	400	7.4	1.0	间隔装药
14.14	14.14	90	1.0	32	400	6.3	1.0	间隔装药
10.05	10.05	90	1.0	32	400	4.6	1.0	间隔装药
5	5	90	1.0	32	400	2.6	1.0	间隔装药
3.38	3.38	90	1.0	32	400	1.9	1.0	间隔装药

4. 水平建基面开挖

沙沱水电站工程大坝水平建基面采用预留保护层开挖方式，预留保护层厚度一般为 2.0m，爆破孔采用手风钻造孔。预留保护层开挖采用水平光面爆破法。水平光面爆破法光爆孔采用微损伤装药结构。

水平光爆孔参数如下：

钻孔直径 $D=40$m；

钻孔间距 $a=0.6$m；

钻孔深度 $L=4.5$m；

药卷直径 $d=25$mm；

不偶合系数 $Dd=D/d=1.8$；

填塞长度 $L_2=0.5$m；

炸药单耗 $q=0.4$kg/m³。

选用坝基保护层开挖水平钻爆参数见表 3-3。

表 3-3　　　　　　坝基保护层开挖水平钻爆参数

类别	炮孔深度 /m	孔径 /mm	孔间距 /m	孔排距 /m	药卷直径 /mm	单孔药量 /kg	堵塞长 /m	装药结构
光爆孔	4.5	40	0.6		25	200g/m	0.5	间隔装药
爆破孔	4.5	40	1.0	1.2	32	3.5	1.0	连续装药

（二）排间微差接力起爆网络

深孔梯段爆破网络均采用排间微差顺序爆破网络，同排炮孔内装同段非电雷管，将它们连接在同一股导爆索的支线上，然后再将各排导爆索连接在主导爆索上。并注意，当单响装药量大于 300kg 时，中间需再串接 2 段的非电雷管分段起爆。

对于高边坡、大面积的台阶开挖，开挖施工完成后，需进行上一层次的边坡支护，所以爆破震动效应及爆破震动破坏成为关键性问题。降低梯段爆破单响药量、改变爆破方式，是保护永久边坡和降低爆破地震效应的有效手段。主爆破孔采用排间微差顺序起爆的网络连接，能够最大限度地降低单响药量。

预裂爆破是保护永久边坡和降低地震效应最直接有效的手段，而且紧靠永久开挖面，虽然整体装药量较小，可进行分段爆破，最大单响药量不大于 50kg，以减轻爆破本身对边坡稳定的不利影响。

10m 典型梯段排间微差爆破网络图见图 3-2。

（三）水下爆破开挖

由于大坝右岸坝基基础涌水严重，涌水量约 1.2～1.5m³/s，基坑内的涌水不能全部进行抽排，导致 11 号、12 号坝段的坝基特别是深槽部位开挖无法正常

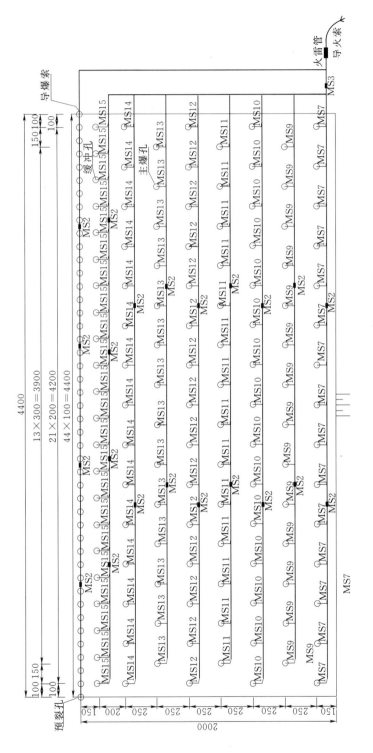

图 3－2　10m 典型梯段排间微差爆破网络图

进行，为了尽快完成坝基开挖，进行 11 号、12 号坝段基础处理及混凝土浇筑，对 11 号、12 号坝段坝基深槽部位进行水下钻爆开挖。深槽部位长 35m，宽 24m，河床高程平均在 280.0m 高程，设计开挖建基面高程为 270.0m。

1. 施工工艺流程

水下爆破开挖的施工工艺流程见图 3-3。

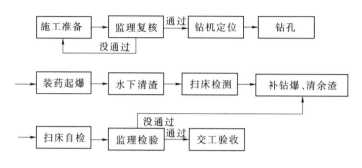

图 3-3　水下爆破开挖施工工艺流程图

2. 施工工艺

（1）施工准备。为减小 11 号坝段左侧涌向 11 号、12 号坝段的涌水量，提供有利的坝基开挖施工条件，在 11 号坝段 280m 高程建基面增设排水沟槽进行排水，并在上游齿槽和水沟右侧用黏土麻袋做临时挡水堰把水流导引至沟槽排入下游河床深槽内，由下游泵站集中抽排。另外，为了保证开挖区内水位不升高，在上游齿槽位置布置 6 台大功率水泵进行经常性抽水，水泵总功率为 486kW，总流量为 3440m³/h。

（2）钻孔。钻孔爆破采用潜孔钻机施工，在孔位上量测水深，由施工水位和设计河底高程计算岩层的厚度，确定钻孔深度。施工过程中分两层进行钻孔爆破，每层岩石厚度约 5m。

水下钻孔爆破采用垂直钻孔形式，布孔方式采用三角形或矩形钻孔布置图见图 3-4。

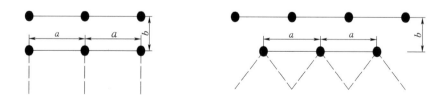

图 3-4　钻孔布置示意图

水下钻孔爆破孔网参数见表 3-4。

表 3-4　　　　　　　　水下钻孔爆破常用孔网参数

适用工作水深/m	炮孔直径 d/mm	炮孔间距 a/m	炮孔排距 b/m	超钻深度 h/m
≤8.0	80~100	1.6~2.0	1.5~1.8	1.0~1.2
>8.0	95~115	2.2~2.4	1.5~2.0	1.0~1.4

注　1. 工作水深等于施工水深加孔深。

　　2. 表列 a、b 中，硬岩取较小值，软岩取较大值。

　　3. h 值硬岩取较大值，软岩取较小值。

根据现场实际情况，开挖部分为坚硬岩石，确定施工参数如下。孔距：$a=1.6$m；排距 $b=1.5$m；孔径 $D=90$mm；药卷直径 $d=70$mm；钻孔超深 $c=1.2$m，首排炮孔比其后排炮孔深 0.2m。

（3）装药起爆。施工前首先要计算出每个炮孔的装药量，按计算出的每孔装药量装填炸药。

1）装药量计算。本次水下爆破为浅水爆破，装药量计算如下：

首排炮孔的单孔装药量：

$$Q = 0.9 \times q_0 \times a \times b \times H_0$$

与首排炮孔同时起爆的后排炮孔单孔装药量：

$$Q = q_0 \times a \times b \times H_0$$

式中　Q——单孔装药量，kg；

　　q_0——水下爆破单位炸药消耗量，kg/m³，按规范提供的经验值选用（表 3-5）；

　　a、b——钻孔的孔距、排距，m；

　　H_0——设计开挖的岩层厚度，包括计算超深值。

表 3-5　　　　　　　　水下爆破单位炸药消耗量 q_0

岩石类别	水下钻孔爆破/(kg/m³)	水下裸露爆破/(kg/m³)
松软的裂隙岩石	1.72	15.17
中等坚硬岩石	2.09	30.34
坚硬岩石	2.47	44.94

注　表列 q_0 值系 2 号岩石乳化炸药综合单位消耗量的平均值，采用其他炸药应进行换算。

钻孔完成后，用探水杆校核钻孔深度，按计算的单孔装药量现场绑扎炸药，安装导爆管雷管。装药时，拉紧提绳，配合送药杆进行，不得使药包自由坠落，并测定校核每次装入的药包顶部位置，用砂和粒径小于 10mm 的砾石堵塞。堵塞的长度确保药包不致浮起，将导爆管整理好，检查无误后移钻机进行下一排钻孔，钻机不得越过已钻孔装药的区域。钻孔后如不立即装药，设孔位标志，如岩面有泥沙，采取护孔措施。

2）爆破器材的选用。水下爆破工程，选用具有防水性能或经过防水处理的爆破材料，并在开工前进行同等施工条件的试验。其技术参数和性能如下：

炸药：采用乳化胶质炸药，药卷直径为70mm；

导爆管：采用普通塑料被覆型工业导爆管，单根长一般12m（可根据施工实际需要向厂家订制不同规格）。外观应无折痕、变形、缠绕松散、发霉等现象。施工使用导爆管时，用防水胶布密封其端部。

3）爆破网路设计。爆破网络采用并串联方式，由4～5排孔并联为一组，各组之间用导爆管雷管串联在一起。

导爆管网路满足下列要求：不得使用有破损和管内药膜脱落的导爆管；导爆管不得拉细、打结；导爆管在水下和炮孔内不得有接头；微差爆破起爆网路（矩形布孔方式）见图3－5。

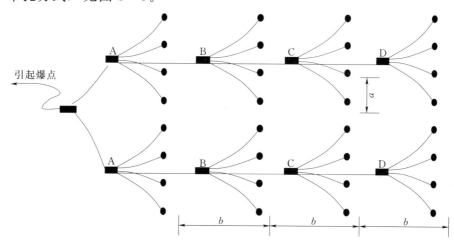

图3－5 微差爆破网路示意图

A、B、C、D—雷管段别；a—孔距；b—排距

3. 水下清渣

采用1.5m³液压挖掘机（反铲）进行水下清渣，20t自卸车装运渣料。每次爆破后，在爆破区域附近修建临时施工道路，在靠右侧部分用1台1.5m³挖掘机（反铲）和3台20t自卸车进行开挖；靠左侧部分离右岸开挖和混凝土浇筑主干道路较远，用两台1.5m³挖掘机（反铲）进行转料至自卸车内。在该爆破区域清理完成后挖除临时施工道路，进行下一次的爆破施工。

（四）控制爆破

1. 爆破震动控制

对本工程的开挖采用预裂爆破减少爆破轰波对开挖边坡的影响、梯段爆破控制单响药量等控制爆破措施，对混凝土（右岸开挖时对混凝土子围堰的保护）、新喷混凝土、锚杆施工邻近开挖施工进行控制爆破，根据质点安全振动速度严格控制单响药量，通过控制单响药量将爆破震动控制在设计允许的安全范围内。

根据《水利水电工程爆破施工技术规范》（DL/T 5135—2001）附录 B、附录 B1，质点振动速度传播规律的经验公式如下：

$$Q = R^3 (V/K)^3 / a$$

式中　V——质点振动速度，由《水利水电工程爆破施工技术规范》（DL/T 5135—2001）附录 B 查得混凝土龄期 7～28d，V 为 5～7cm/s，取 $V = 6$cm/s；

　　　Q——爆破时药量分布的几何中心至控制点的距离，m；

　　K，a——与场地地质条件、岩体特性有关的系数，对于坝基硬岩暂定为 $K = 150$，$a = 1.7$。

根据以上条件，可计算出新（喷）混凝土安全距离允许的最大单响药量见表 3 - 6。

表 3 - 6　　　　　　　　安全距离与最大单响药量关系表

安全距离 R/m	10	15	20	25	30	40	44.5	53
允许装药量 Q/kg	3.41	11.5	27.3	53.3	92.1	218.4	300.7	508.0

2. 爆破震动监测

由于爆破震动会对短龄期混凝土、新灌浆区、新喷锚支护区以及已有建筑物产生不利影响，在施工过程中根据需要对现场爆破开挖过程进行安全测试，实施爆破质点振动速度原型监测，并及时将监测结果反馈有关部门，通过"监测→信息反馈→调整设计→爆破施工→监测"的信息链控制爆破规模及最大单响药量，确定合理的控制爆破参数及规模，将其所受的振动影响限制在设计允许的监控指标内，从而达到施工期相邻建筑物稳定的目的。

第三节　实际施工方案与施工方法的优点与缺点分析

根据现场基坑土石方开挖的特点及地质条件，采取有针对性的爆破控制措施，并加强爆破监测，及时调整爆破参数，以保证开挖爆破效果的实现。

（1）钻孔孔位、角度和孔深符合爆破设计的规定，钻孔偏差一般不大于 1°，开孔误差不大于 15cm；已完成的钻孔，孔内岩粉予以清除，孔口加以保护；对于因堵塞无法装药的钻孔，予以重新扫孔，并经检查合格后才可装药。主爆破的钻孔不得进入预留保护层内，高边坡开挖设置有马道时，所有钻孔均不超过马道面高程。布孔时，在开挖线转角处或预裂面两端至少布置一个导向孔，避免爆破裂缝进入两侧保留岩体内。

（2）石方开挖均采取控制爆破，为使开挖面符合施工图纸所示的开挖线，保持开挖后基岩的完整性和开挖面的平整度，采用预裂爆破或光面爆破技术，对于不适应采用预裂爆破的部位，预留保护层。采用预裂和光面爆破技术的相邻两炮孔间岩面的不平整度不大于 15cm，孔壁表层不能产生明显的爆破裂隙，残留炮孔痕迹保存率控制在规范要求之内。与预裂爆破孔相邻的主爆破孔，严格控制其爆破参数，避免了对保留岩体造成破坏，或使其间留下不能有的岩体而造成施工困难。

（3）预裂爆破和光面爆破的最大段起爆药量一般不大于 50kg，光面爆破一般与缓冲爆破结合使用，光爆孔前的爆破孔一般不多于两排，在前沿清理结束后施爆。梯段爆破采取分层开挖，梯段高度不大于 10m，爆破网络采取排间微差爆破技术。同时最大段起爆药量满足现场实验确认的安全爆破质点振动速度的要求。

（4）11 号、12 号坝段坝基开挖时由于受坝基渗漏涌水的影响，工作面无法进行干地施工采用。在对该部位进行开挖施工时，为减小 11 号坝段左侧涌向 11 号、12 号坝段的涌水量，提供有利的坝基开挖施工条件，在 11 号坝段 280m 高程建基面增设排水沟槽进行排水，并在上游齿槽和水沟右侧用黏土麻袋做临时挡水堰把水流导引至沟槽排入下游河床深槽内，由下游泵站集中抽排。另外，为了保证开挖区内水位不升高，在上游齿槽位置布置水泵进行经常性抽水，尽量降低水位。然后进行水下钻爆和水下清渣，在保证施工质量的同时加快了施工进度。

（5）爆破时，关施工机械设备及人员迅速撤至爆破警戒范围以外，对附近的建筑物及不能撤走的施工机械设备采取安全防护措施。同时采取控制爆破，调整爆破方向，使爆破震动危害和飞石得到有效控制。

（6）客观影响因素较多，施工条件复杂。沙沱电站右岸基坑开挖工程量不大不大（30.79 万 m³），但开挖施工过程中受到移民阻工、2008 年雪灾、坝基渗漏涌水等客观因素的影响，增加了施工难度，施工断断续续，强度分布不均，延长了开挖时间。

第四节　经　验　及　体　会

根据基坑土石方开挖的实际施工特点以及开挖过程中出现的深层岩溶渗漏涌水，在施工规划、爆破控制措施、环境安全、施工设备选型主要有以下几方面的体会。

（1）土石方开挖是水电工程中常见的工程施工，而且其他施工都是以土石方开挖为基础，是制约着整个工程的施工进度、工程成本和周边的环境的主要施工项目。因此，土石方开挖工程规划设计要从全局出发，通过综合、系统地分析研究，才能得到合理的实施方案。

（2）基坑土石方开挖施工中，爆破控制是关键，在爆破试验的基础上需根据实际爆破效果、监测数据及时调整爆破参数，以确保满足建基面的要求。

（3）对周边环境的影响，土石方开挖过程中的钻孔、爆破、开挖、运输、弃渣等会对施工区地表的植被造成一定的破坏，加剧水土的流失；产生的基坑废水、机械维修废水、生活污水的排放不当也会影响河流的水质；产生的噪声和粉尘污染对于施工人员、附近居民的身心健康以及该区域内的动植物也会带来不利的影响。为保证施工过程中生态不受破坏和污染，应该用科学的态度展开系统研究，寻找合理的解决方案。

（4）对开挖出露的软弱岩层和构造破碎带造成的渗漏涌水，采取堵、排涌水，分块开挖，边开挖边清基，分块浇筑的施工方法；清渣采用修建临时施工道路至开挖区内，出渣和临时道路拆除同步进行，在保证施工质量的同时加快了施工进度。

（5）使用 TYLA368 高压潜孔钻机和 COP748 液压钻机进行钻孔，加快钻孔效率；应用稳定高效的乳化炸药，使控制爆破技术取得良好的成效；挖装设备以 R944 型、EC360 型、R934 型、SK350 型大斗容液压反铲挖掘机为主，运输设备以 20t 以上自卸车为主，提高了效率。

第四章 溢流坝碾压混凝土工程

第一节 溢流坝碾压混凝土施工概况

一、结构特点

1. 右岸溢流坝段

右岸溢流坝段包括 10 号右坝段、11 号坝段及 12 号坝段。其建基面最低高程为 270m，碾压混凝土设计高程为 337.0m。

由于 9 号、10 号坝段分缝线距纵向混凝土子围堰很近（水平距离只有 4.8m，并需向下开挖 15.0m），且为确保纵向混凝土子围堰的安全在其基础部位增加了支墩进行加固，开挖无法到位，另外受基础深层涌水影响，10 号左坝段基础内有多处较大涌水点，10 号左坝段施工困难，为确保 2008 年度汛目标的实现，经参建各方共同研究决定 10 号左坝段纳入左岸基坑与 9 号坝段一起施工。

根据设计要求，将坝体与纵向混凝土围堰 I 区之间的连接段改为 10 号坝段通仓碾压形成整体。

2. 左岸溢流坝段

右岸溢流坝段包括 9 号坝段、10 号左坝段。其建基面最低高程为 260m（电梯井坝段，其他部位为 275m），碾压混凝土设计高程为 370.0m（电梯井坝段为 370m，溢流坝段为 337m），顶部 1m 常态铺装层混凝土。

原设计 9 号坝段、10 号左坝段的最低高程为上游齿槽 275m，为解决 6 号坝段至 10 号左坝段的深层抗滑稳定问题，设计要求对 6 号坝段至 9 号左坝段的上游齿槽进行深挖处理，最低高程为 260m。

9 号坝段左边 14.12m 的范围为电梯井坝段，其他为溢流坝段，但之间没有结构缝，为一个整体。

二、工期完成情况及完成工程量

1. 右岸溢流坝段

右岸溢流坝段包括 10 号右坝段、11 号坝段及 12 号坝段。

（1）施工进度。10 号右坝段 307m 高程以下于 2008 年 3 月 31 日开始浇筑施工，2008 年 5 月 22 日浇筑至 307m 高程，达到当年度汛面貌要求。11 号、12 号坝段于 2008 年 9 月 17 日开始浇筑混凝土，过程中受 2008 年 11 月 2 日枯期超标洪及 4.20 洪水的影响，于 2010 年 1 月 16 日浇筑至设计碾压混凝土浇筑高程 337m。

（2）主要完成工程量。10 号右坝段及其连接段混凝土 5.6 万 m³；11 号坝段混凝土 9.5 万 m³；12 号坝段混凝土 6.5 万 m³。

2. 左岸溢流坝段

左岸溢流坝段处于左岸基坑，包括 9 号坝段、10 号左坝段，在三期（左岸）截流、基坑开挖完成后实施混凝土施工。

（1）施工进度。三期（左岸）截流时间为 2009 年 4 月 17 日，基础工作面（基础开挖其他承包人施工）于 2010 年 3 月 19 日全部移交完成。

2010 年 2 月 28 日开始浇筑基础混凝土，于 2010 年 9 月 30 日完成 337m 高程以下碾压混凝土施工。

（2）主要完成工程量。9 号坝段混凝土 12.6 万 m³；10 号左坝段混凝土 4.9 万 m³。

三、施工特点、重点及难点

1. 工程施工特点、重点和难点问题分析

（1）工程量大，工期紧。因受各种因素的影响，本工程工期延后较多。

工程采取分期导流形式，2008 年汛前混凝土浇筑高峰强度为 7.02 万 m³/月（该时段碾压混凝土浇筑高峰强度为 5.25 万 m³/月，常态混凝土浇筑高峰强度为 1.77 万 m³/月）；2008 年汛后混凝土浇筑高峰强度为 12.90 万 m³/月（该时段碾压混凝土浇筑高峰强度为 8.79 万 m³/月，常态混凝土浇筑高峰强度为 4.11 万 m³/月）。

为满足河床施工分期导流的要求，右岸河床坝段在一枯期的混凝土施工有效时间非常短，工程量大、工期极为紧张。

（2）碾压混凝土施工强度高。由于在一枯期在完成右岸基坑开挖后才开始相应的碾压混凝土的施工，在汛前分别要达到当年汛前的碾压混凝土浇筑形象面貌，施工强度大，如何选择合理的碾压混凝土的入仓手段，以满足碾压混凝土的施工强度要求是本工程施工的关键和难点。

（3）混凝土的温控、外观质量要求高。根据招标文件、施工蓝图及相关技术要求，对混凝土的浇筑温度、内外温差等作了严格要求，如何采取有效的温控措施防裂，确保混凝土的质量，同时对混凝土的外观质量要求很高，对混凝土浇筑面的平整度和光洁度等都有严格的规定，混凝土必须达到"免装修"的要求，如何保证混凝土的内在和外观质量（即内实外光），是本标工程的难点。

（4）混凝土施工与坝基固灌浆及钢筋桩施工相互干扰大。大坝混凝土施工与坝基固结灌浆及钢筋桩施工交叉施工，相互干扰大，如何在技术上、施工组织协调上充分分析考虑，尽可能减少相互间的干扰、减少对混凝土施工工期的影响是保证混凝土施工进度计划顺利实施的重点。

（5）夏季、雨季、雾天施工特点明显，施工进度控制难度大。受施工进度控制，碾压混凝土必须在夏季、雨季中施工。本流域属亚热带季风气候区。坝址附近实测极端最高气温 42.0℃（1981 年 8 月 8 日），历年各月极端最高气温平均为 34.8℃，年内分布以 7—8 月最高。沙沱坝址以上多年平均降水量为 1091mm。降水年内分配很不均匀，5—8 月降水量占全年的 58.1％，4—10 月降水量占全年的 85.1％。年内各月降水占全年的百分比以 6 月的比重最大，为 17.4％。如何合理安排碾压混凝土施工进度，充分考虑雨季、夏季施工多雨、高温，冬季雾天对碾压混凝土施工的不利因素，加强施工组织，优化施工工序，确保雨季、夏季碾压混凝土施工进度的完成和施工质量是碾压混凝土施工控制的难点。

2. 主要施工对策及措施

（1）采取的综合组织措施。根据沙沱水电站大坝混凝土工程施工的重点和难点，重点从施工组织管理、施工技术、资源配置、施工协调等方面采取相应的措施，保证施工的顺利进行。

1）发挥部队军事化管理的优势，强化资源配置，建立先进的管理机构，全力以赴，精诚团结，优质按时完成大坝混凝土的施工。

2）强化资源保证，配足施工人员、配足施工机械设备，将按照投标文件的要求进场本工程所需的混凝土拌和系统、运输设备、混凝土仓面平仓、碾压设备、模板等。

3）施工中加强与发包人、设计、监理和其他承包人的沟通联系，服从业主和监理的协调，共同创造和谐的施工环境，以尽可能地减少施工干扰对施工进度等的影响。

（2）工期保证措施。

1）基坑开挖分区进行，部分工作面尽提早移交混凝土工作面，为混凝土施工赢得工期保证。

2）加大开挖力度，尽量缩短开挖工期，延长混凝土浇筑工期，在施工中，加强协调混凝土、基础处理和金属结构安装等工作穿插进行，保证混凝土施工进度，并在工期的安排上，设备的布置上安排富余量，以防止其他因素引起的工期耽误。

3）加强设备组织协调，特别是混凝土施工设备的运行协调，在同一个工作面相互间的施工干扰，派专人现场指挥、调度。

（3）碾压混凝土施工强度保证措施。

1）混凝土拌和系统生产能力要适合多品种、多级配混凝土的生产，并满足不同温度条件下、不同品种混凝土的生产强度要求。

2）采用多工作面同时施工，通过适当的分层分块，在平面和立面上为混凝土浇筑各工序提供充分的工作面，充分利用各工序的流水作业步距和技术间歇时间，做到流水施工。

3）选择合理、高效的碾压混凝土的运输方式，碾压混凝土水平运输采用20t自卸车，垂直运输主要采用真空溜管输送，确保碾压混凝土的入仓强度。

4）加大碾压混凝土施工仓面设备的投入和施工方法的改进，科学地安排施工进度计划。

5）加强仓面的协调指挥。

（4）混凝土的温控、外观质量控制。

1）严格按技术要求采取综合的温控措施。

2）主要混凝土的施工尽可能安排在低温季节施工。

3）高温超过设计标准时，不安排混凝土的施工。

4）使用优质的模板和合理的施工工艺。

5）使用专用的脱模剂，或同一品牌的食用色拉油代替专用脱模剂。

6）为控制混凝土表面蜂窝、麻面、气泡的出现，根据浇筑部位钢筋密集程度选择合理的混凝土配合比和级配及合理的入仓方式，混凝土入仓后立即振捣，不允许出现仓面混凝土堆积。

7）为了减少混凝土表面错台、挂帘的出现，要求模板与模板之间及模板下部与老混凝土之间加固紧，保证模板接合处不留缝隙。

8）加强混凝土浇筑的过程控制，随时进行模板变形监测，发现模板变形应及时调整。

（5）施工设备资源保证措施。

1）协调好各施工工序关系，合理进行设备资源的调配。

2）加强机械设备的管理力度，狠抓机械设备的规范性操作、规范保养、规范维修、规范运行，提高机械设备的完好率和利用率，充分发挥机械设备的生产效率。

（6）混凝土施工与坝基固结灌及钢筋桩施工的协调。

1）加大灌浆设备的投入，确保多工作面同时施工。

2）坝基固结灌浆及钢筋桩施工在基础找平混凝土施工完成后立即进行，尽量减少混凝土内的钻孔工作量。

3）边坡面的坝基固灌浆与混凝土施工合理穿插进行，减少固结灌浆对混凝土施工工期的影响。

4）将 10 号坝段的坝基固结灌浆及钢筋桩施工施工在 307m 高程进行施工，尽量减轻一枯 10 号坝段的混凝土施工压力。

（7）夏季、雨季、雾天施工进度保证措施。

1）加强施工组织，优化施工工序。

2）采取合理的施工措施，根据实际气候条件，调整混凝土施工分层、分块并适当采用斜层铺筑法施工，确保雨季、夏季碾压混凝土施工进度和施工质量。

（8）碾压混凝土铺筑方式的选择。在选择铺筑方式时，根据拌和系统的生产能力、仓面面积及气候条件，合理采用分块平层铺筑或采用斜层平推铺筑法，施工实施时要做到周密计划，精心安排，提前预见可能会遇到的困难和问题，及时加以解决，确保施工计划的实现。

第二节　溢流坝混凝土具体施工方案及方法

一、施工布置

（一）施工道路布置

1. 右岸施工道路布置

（1）R1 道路。起点接右岸 6 号场内公路，经二期上游横向围堰内坡至二期左侧基坑上游侧，高程 307～288m，长 180m，最大纵坡 11％，路面宽 9m，泥结碎石结构，主要用于二期坝基开挖、10 坝段 295m 高程以上及纵向围堰第 1 块的混凝土的运输。

（2）R2 道路。起点接 R1 道路，经上游围堰至二期基坑右侧，高程 295～286.6m，长 90m，最大纵坡 7％，路面宽 9m，泥结碎石结构，主要用于 11 号、12 号坝段基础开挖、混凝土的运输。

（3）R3 道路。起点接右岸 10 号场内公路，经二期下游围堰右堰头至二期基坑下游侧，高程 301～286m，长 420m，最大纵坡 8.0％，路面宽 9m，泥结碎石结构，主要用于二期坝基及通航建筑下游引航道部分开挖、混凝土的运输。

（4）R4 道路。起点接右岸下游 10 号公路，至右岸二期下游横向围堰，高程 295～285.0m，长 285m，最大纵坡 8.6％，路面宽 9m，泥结碎石结构，主要用于护坦的开挖及混凝土的运输。

（5）R3 支线道路。起点接右侧 R3 临时道路，至 11 号、12 号坝段基坑，高程 286.6～280.0m，长 85m，最大纵坡 8.2％，路面宽 9m，泥结碎石结构，主要用于 10 号、11 号、12 号坝段基坑开挖及 10 号坝段 295m 高程以下混凝土运输。

（6）R5 道路。起点接右岸 6 号场内公路，经二期上游横向围堰内坡至 1 号、2 号导流底孔进口闸门之间，高程 307～299m，长 35m，最大纵坡 3%，路面宽 6m，泥结碎石结构，主要用于 11 号、12 号坝段 287～299m 高程 2 个导流底孔之间混凝土运输。

2. 左岸施工道路布置

（1）坝前施工道路。将左岸混凝土围堰及纵向混凝土围堰两侧用混凝土结构加高，中间回填石碴形成施工道路，高程 307～312m，长 64m，最大纵坡 12%，路面宽 9m，泥结碎石结构。主要用于 11 号坝段导流底孔左侧 287～299m 高程，11 号、12 号坝段 299.0m 高程以上，10 号右坝段 307.0m 高程以上，10 号左坝 292.0m 高程以上，9 号坝段 286m 高程以上混凝土的运输。

（2）坝后施工道路。从消力池底板至 9 号坝段坝后，高程 287～280.5m，长 33m，最大纵坡 20%，路面宽 6m，泥结碎石结构。主要用于 10 号左坝 292.0m 高程以下，9 号坝段 286m 高程以下混凝土的运输。

（二）混凝土生产系统布置

左岸混凝土生产系统位于左岸坝轴线下游 800m，拌和楼设置在高程 360m、365m 平台。系统配置有一座 $2\times4m^3$ 强制式拌和楼和一座 $2\times6m^3$ 强制式拌和楼。$2\times4m^3$ 强制式混凝土拌和楼铭牌生产能力为：常态及碾压混凝土 280m³/h（三级配或四级配）；预冷混凝土 120m³/h（三级配或四级配）。$2\times6m^3$ 强制式混凝土拌和楼铭牌生产能力为：常态及碾压混凝土 360m³/h（四级配）；预冷混凝土 230m³/h（三级配碾压混凝土或四级配常态混凝土）。混凝土骨料采用左岸砂石加工系统生产的骨料，经胶带机运输至左岸混凝土生产系统。溢流坝段施工期间，前期以 $2\times4m^3$ 拌和楼生产为主，后期以 $2\times6m^3$ 拌和楼为主。拌和楼混凝土出料采用自卸汽车和 9m³ 混凝土搅拌车运输。

（三）制浆站布置

变态混凝土施工所用水泥浆，由集中制浆站生产，在 16 号坝段坝前 372m 高程平台布置制浆站，通过输浆管，将水泥浆输送至仓内。

（四）制冷站布置

本工程采用固定式冷却机组的方式制冷，在 16 号坝段坝前 372m 高程平台布置制冷系统，以满足混凝土通水冷却的需要。

（五）大倾角皮带机布置

11 号坝段碾压混凝土浇筑至 318.0m 高程，12 号坝段碾压混凝土浇筑至 321.0m 高程后。11 号、12 号坝段成为孤岛，自卸汽车直接入仓及普通皮带机入仓均无法实现，为了满足 11 号、12 号坝段高高程碾压混凝土的施工进度要求，充分利用左岸上游围堰及Ⅱ区围堰连接段的地形，并根据现场实际情况布置大倾角皮带机系统，以满足高高程碾压混凝土入仓的强度要求，并能满足安全文明施工、环境保护及有关技术规范的要求。

1. 布置位置

机尾布置在纵向围堰连接段（坝纵 0−028.428m，坝横 0＋370.709m）高程为 306.0m 高程，机头布置在 11 号坝段仓号内（坝纵 0＋009.000m，坝横 0＋381.500m）高程为 340.0m 高程，主要负责 11 号、12 号坝段 318～337m 高程碾压混凝土入仓，约 2.9 万 m^3；9 号、10 号坝段 315～337m 高程碾压混凝土入仓，约 4.9 万 m^3。

2. 受料平台布置

受料平台布置在纵向围堰连接段高程为 311.0m 高程。在纵向围堰连接段两侧修筑 1m 宽混凝土挡墙顶高程为 311～312m，中间回填石渣形成受料平台，并保持上游 10 号右坝段施工道路畅通；在上游混凝土围堰修筑 1m 宽混凝土挡墙顶高程为 307～311m 高程，中间回填石渣形成上受料平台施工便道。

混凝土挡墙与底部老混凝土面连接用插筋连接，插筋规格为 $\phi 25$，$L=1.5m$，外露 0.5m。

3. 皮带机系统组成

皮带机系统由两个受料斗、一个分料器、下平段、爬坡段、上平段三段皮带机组成。其中下平段为受料斗布置位置，长度为 3.0m。爬坡段坡度为 45°，平距 34.0m，高差 34.0m，斜长为 48.08m，支撑立柱高度范围 8～22.0m。皮带机总长度 53.08m。上平段长 2.0m，接下料口，下料口接皮带式真空溜管，仓内设转料斗一个，自卸汽车接料布料。

4. 皮带机系统参数

主要参数：皮带宽度 1m，挡边高度 20cm，带速 2.0m/s，输送能力 150～200m^3/h，倾角 45°，长度 53.08m。

二、入仓方式

（一）10 号右坝段、11 号坝段、12 号坝段 307m 高程以下

（1）坝基趾槽及 285m 高程以下垫层、廊道侧调整后常态混凝土采用长臂反铲入仓。

（2）10 号右坝段自卸汽车直接入仓。

（3）11 号、12 号坝段 285m 高程以下从坝下游消力池内垫路自卸汽车入仓。

（4）11 号、12 号坝段 285～287m 高程从 10 号右坝段采用真空溜槽＋自卸汽车。

（5）11 号坝段导流底孔左侧 287～299m 高程真空溜槽＋自卸汽车、11 号、12 号坝段 287～299m 高程 2 个导流底孔之间采用上游面垫路架设跨模板钢栈桥自卸汽车直接入仓。

（6）12 号坝段导流底孔右侧 287～299m 高程常态混凝土采用长臂反铲、布料机入仓。

（7）导流底孔周边常态混凝土反铲入仓。

（8）11 号、12 号坝段 299～307m 高程采用大溜槽＋自卸汽车仓内转料。

（二）10 号右 307～312m 高程，11 号、12 号坝段 307～337m 高程

（1）10 号右 307～312m 高程、11 号 307～318m 高程、12 号 307～321m 高程碾压混凝土采用钢筋笼石渣垫路自卸汽车直接入仓。

（2）11 号 318m 高程、12 号 321m 高程以上碾压混凝土采用大倾角皮带机＋真空溜槽＋自卸汽车仓内转料。

（三）9 号、10 号左坝段 307m 高程以下

（1）280.5m 高程以下采用搭设钢溜槽入仓。

（2）10 号左坝段 280.5～292m 高程采用钢筋笼石渣垫路自卸汽车入仓。

（3）9 号坝段 280.5～286m 高程采用钢筋笼石渣垫路自卸汽车直接入仓。

（4）9 号坝段 286.0～292m 高程采用 10 号右坝段 312m 高程坝面左侧 2 条真空溜管＋自卸汽车仓内转料及 10 号左坝段 292m 高程坝面大钢溜槽＋自卸汽车仓内转料。

（5）9 号、10 号左坝 292.0～307m 高程采用 10 号右坝段 312m 高程坝面左侧 2 条真空溜管＋自卸汽车仓内转料。

（6）垫层常态混凝土采用长臂反铲入仓。

（四）9 号、10 号左坝段 307～337m 高程，10 号右坝段 312～337m 高程，电梯井坝段 337～371m 高程

（1）9 号、10 号左段坝 307～310m 高程以下采用真空溜管＋自卸汽车仓内转料入仓。

（2）9 号、10 号左坝段 310.0～312m 高程采用大钢溜槽＋自卸汽车仓内转料入仓。

（3）9 号、10 号坝段 312.0～315m 高程采用钢筋笼石渣垫路自卸汽车直接入仓。

（4）9 号、10 号坝段 315.0～337m 高程采用大倾角皮带机＋真空溜槽＋自卸汽车仓内转料入仓。

（5）9 号坝段电梯井坝体部分 337.0～371m 高程采用皮带机系统＋自卸

汽车仓内转料入仓。

三、碾压混凝土分区与分层

(一) 碾压混凝土分区

1. 分区原则

大坝碾压混凝土分区主要根据大坝结构特点、施工导流度汛要求、混凝土生产强度、混凝土运输方式及强度、仓面平仓与碾压设备的生产能力、混凝土初凝时间、施工成本控制等原则进行划分。

2. 碾压混凝土分区

(1) 10号右、11号、12号坝段307m高程以下。为满足2008年度汛要求，设计调整汛前将10号右坝段浇筑至307m高程、上游趾槽浇筑水下混凝土、廊道顶285m高程以下为常态混凝土、坝体上游连接段纵向围堰作为10号右坝段一部分整体施工。

10号右坝段为1个区、11号、12号坝段287m高程以下为1个区、287～302m高程分3块（底孔分割）、302～307m高程合并为1个区。

(2) 10号右307～312m高程，11号、12号坝段307～337m高程。10号右307～312m高程为1个块号；11号坝段307～318m高程为1个块号；12号坝段307～321m高程为1个块号；10号右312～337m高程并入9号、10号左坝段为1个块号；11号坝段318～324m高程为1个块号；12号坝段321～324m高程为1个块号；11号、12号坝段324～337m高程并为1个块号施工。

(3) 9号、10号左坝段307m高程以下。10号左275～292m高程为1个块号；9号坝段275～292m高程为1个块号；9号、10号左292～307m高程并为1个块号施工。

(4) 9号、10号左坝段307～337m高程，10号右坝段312～337m高程，电梯井坝段337～371m高程。9号、10号左坝段307～312m高程为1个块号；9号、10号坝段312～337m高程为1个块号；9号坝段电梯井坝体部分337.0～371m高程并入8号坝段块号施工。

(二) 碾压混凝土分层

1. 分层原则

根据碾压混凝土温控技术要求、坝体结构特点、入仓条件等原则进行划分。

2. 碾压混凝土分层

碾压混凝土施工时如果有条件实现连续上升，尽量连续浇筑，如果条件不允许分层高度不小于3.0m。

四、模板选型与施工

(一) 模板的选型

1. 模板选型原则

(1) 尽量采取模块化的模板组合,提高模板的通用性和周转次数,以降低施工难度和施工成本。

(2) 结合施工机械布置情况,采用便于安装和拆卸的结构,减轻工人劳动强度,简化模板施工工艺。

(3) 模板材料符合规范要求,其结构要有足够的稳定性、刚度和强度,并有足够的密封性,保证混凝土的结构尺寸、形状和相互位置符合设计规定。

2. 模板选型

(1) 大坝上游面、下游面、横缝面、导流底孔侧模采用连续翻转模板(连续施工时用三层,非连续施工时用两层)。这种模板可满足碾压混凝土的施工强度要求,在龙滩大坝等工程中有广泛应用,有丰富的使用经验。

(2) 溢流坝段坝后台阶采用连续翻转式台阶模板(连续施工时用四层,非连续施工时用三层)。

(3) 大坝廊道采用混凝土预制廊道模板,在其他局部不便于预制廊道安装部位采用定型木模板和散拼钢模板。

(4) 局部不能使用悬臂模板或预制模板的部位采用小钢模及木模板补充。

(二) 模板设计

1. 连续翻转模板

上游、下游坝面及横缝面模板,单块太高会不利于碾压混凝土机械的行走、碾压,故采用面板尺寸为 3.0m×3.0m(宽×高)的连续翻转模板。其结构主要包括面板系统、支撑系统、锚固系统及工作平台等,面板由两块 3m×1.5m(宽×高)钢模板组成,支撑系统为桁架式背架,支架上设吊耳,每一套模板使用 3 根(1 排)ϕ25 锚筋固定(图 4-1)。

2. 碾压混凝土台阶模板

碾压混凝土台阶模板采用钢结构,模板平面尺寸 1.5m×1.2m,台阶模板采用调节螺杆连接。模板内定位锥配锚筋锚固,模板外平撑、斜撑紧固(图 4-2)。

3. 仓内横缝止水模板

采用 1.0cm 厚、无孔洞、棱边整齐的杉木板按设计的结构尺寸加工而成,高 1.5m 或 3.0m,宽度与分缝结构相适应。

4. 其他模板

各门槽、孔洞、边角补缺、埋件施工部位等一些不宜采用定型或大型悬臂模板施工的部位采用少量散拼钢模板或木模板施工,施工前均需设计模板图,模板的

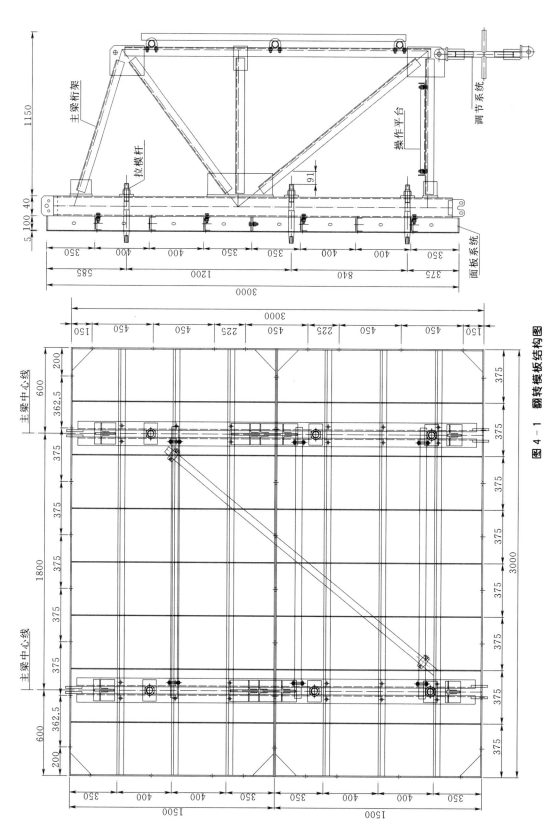

图 4-1　翻转模板结构图

76

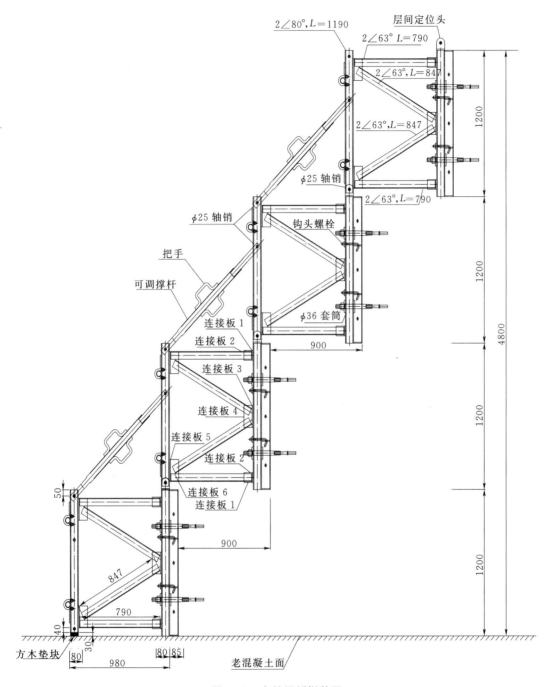

图 4-2 台阶模板拼装图

布置和内外围令及拉条的位置，以确保混凝土的成型尺寸满足设计的体形。

（三）主要模板安装方法

1. 连续翻转模板

仓面采用 8t 或 25t 汽车吊配合人工安装模板，在进行某一浇筑块的模板安装时，先利用已浇的混凝土顶部未拆除的模板进行固定，安装第一套模板，两套模板之间用连接螺栓连接。当第一套模板安装调整完毕且经检查验收合格后即进行混凝土浇筑。在混凝土浇筑过程中穿插第二套模板安装。当下个仓面混凝土浇筑时再安装第三套模板，三套模板翻转，可浇筑 1.5m 升层和 3.0m 升层混凝土。

在起始仓进行模板安装时，应采用钢筋柱（或钢筋桁架）作内支撑进行稳固，并用拉筋来承受混凝土侧向压力。

2. 坝体碾压混凝土台阶模板（溢流坝段）

定型钢模及支撑系统由专业厂家定型制作，汽车将模板及支撑系统运输至混凝土仓号内，仓内人工拼装成整体，并按测量放线位置安装模板。模板高度 120cm，可满足两层碾压混凝土碾压浇筑，当第一层碾压混凝土碾压完毕，随即由人工及时向模板预留孔内按设计图纸要求安装插筋，并予以固定。

3. 仓内横缝止水模板

仓内横缝止水模板运至作业面后，采用人工直接安装。提前在已浇筑的混凝土面，沿止水带模板方向预埋插筋，安装止水模板时，采用电焊焊接支撑钢筋的方法固定止水模板。

（四）模板施工工艺

（1）所有大型模板的安拆都单独编制专门的施工技术措施，小型模板的施工按照相关的规程规范及技术要求进行。

（2）模板要有足够的强度和刚度，以承受混凝土浇筑和振捣产生的荷载或其他任何施加给结构的荷载，防止产生位移，确保混凝土结构外形尺寸准确。模板有足够的密封性，以保证不漏浆。所有模板采用优质完好的材料，作为模板的构架和支撑的型钢及管材满足相应的有关技术规范的要求。

（3）模板安装按设计图纸测量放样，重要结构多设控制点，以顺利检查校正。模板安装过程中，要经常性地保持足够的临时固定设施，以防倾覆。支架支承在坚实的地基或老混凝土面上，并有足够的支承面积和防止滑动的具体措施，不允许将模板固定在结构钢筋或预埋件上。

（4）模板的钢筋拉条无弯曲，拉条与锚环连接牢固，并在距离模板内表面 50mm 处终止。模板拉条紧固件拆除后在混凝土中留下的孔洞，用干硬砂浆回填。预埋在下层混凝土中的锚固件从材质和锚固深度上必须达到足够的锚固强度。

（5）模板与混凝土接触的面板、各块模板接缝处平整严密，以保证混凝土表面的平整度和混凝土的密实性。建筑物分层施工时，逐层校正下层偏差，并采取有效措施使模板紧贴混凝土面，防止振捣时漏浆。

（6）模板的面板涂脱模剂，并避免因污染而影响钢筋和混凝土的质量。

（7）模板及支架上不堆放材料及设备。混凝土浇筑时，按模板设计荷载控制浇筑顺序、速度及施工荷载。并设置专人护模，负责经常检查、调整模板的形状及位置，如模板有变形走样，立即采取有效措施予以矫正。

（8）模板的拆除在混凝土达到规范规定的强度后开始进行，进行模板的拆除时应小心谨慎，以避免损坏混凝土为使模板和混凝土表面分离，须在模板和混凝土表面之间加力。此时须用木楔子，而不得使用金属楔子、棒条或类似工具。模板一经拆除，混凝土缺陷或在模板拆除过程中损坏的混凝土即按本技术要求予以修补。拆除后的模板应堆放整齐，不乱弃乱扔。

模板拆除时限，除符合施工图纸的规定外，并遵守下列规定：不承重侧面模板的拆除，应在混凝土强度达到其表面及棱角不因拆模而损伤时，方可拆除；在墩、墙和柱部位在其强度不低于 3.5MPa 时，方可拆除。

（五）模板质量标准及控制

（1）模板的制作应使得混凝土结构严格符合图纸所示的线条和轮廓，其制作允许偏差不应超过（表 4-1）的规定。

表 4-1　　　　　　　　　　模板制作的允许偏差　　　　　　　单位：mm

偏差项目		允许偏差
木模	小型模板：长和宽	±2
	大型模板（长、宽大于 3m）：长和宽	±3
	大型模板对角线	±3
	模板面平整度	
	相邻两板面高差	0.5
	局部不平（用 2m 直尺检查）	3
	面板缝隙	1
钢模、复合模板及胶木（竹）模板	小型模板：长和宽	±2
	大型模板（长、宽大于 2m）：长和宽	±3
	大型模板对角线	±3
	模板面局部不平（用 2m 直尺检查）	2
	连接配件的孔眼位置	±1

（2）模板安装允许偏差：大体积混凝土模板安装允许偏差（表 4-2）。

表 4-2　　　　　　　　大体积混凝土模板安装允许偏差　　　　　单位：mm

偏差项目		混凝土结构的部位	
		外露表面	隐蔽内面
模板平整度	相邻两面板错台	2	5
	局部不平（用 2m 直尺检查）	3	10
板面缝隙		2	2
结构物边线与设计边线	外模板	0	15
		−10	15
	内模板	+10	15
		0	15
结构物水平截面内部尺寸		±20	
承重模板标高		+5	
		0	
预留孔洞	中心线位置	5	
	截面内部尺寸	10	
		0	

注　表中"−"表示偏向结构物内。

（3）大体积混凝土以外的一般现浇混凝土和钢筋混凝土梁、柱的模板安装允许偏差应符合表 4-3 的规定。

表 4-3　　　　　　　　一般现浇结构模板安装的允许偏差　　　　　单位：mm

偏差项目		允许偏差
轴线位置底模上表面标高		5
		+5
		0
截面内部尺寸	基础	±10
	柱、梁、墙	4
		−5
层高垂直	全高≤5m	6
	全高>5m	8
相邻两面板高差表面局部不平（用 2m 直尺检查）		2
		5

注　表中"−"表示偏向结构物内。

（4）模板施工质量控制。

1）常规钢模板使用专门的连接件支立，并在浇筑前在面板上涂刷脱模剂。

2）模板严格按照设计测量放点支立。支立固定完毕进行复测，确保建筑物位置及偏差满足设计及规范要求。

3）重要部位的模板，对其刚度、支撑加固方法和牢靠程度、面板的光洁平整度、接缝的密实度等进行重点检查，并做好详细的施工记录。

4）设定监测控制点，进行浇筑过程中的变形移位观测。确保浇筑过程模板的变形及位移控制在规范允许的范围之内。

5）在混凝土浇筑过程中，指派专人监护模板，对过程中的位移进行及时的调整及加固。

第三节　实际施工方案与施工方法的优点与缺点分析

溢流坝碾压混凝土施工中，根据现场实际施工条件选择了多种较经济、合理的入仓方案，从而提高了碾压混凝土施工效率，确保了施工进度。在温控措施方面，除常规的方法外，采取仓面搭设遮阳棚、个性化通水冷却等措施，从而使碾压混凝土的质量得到了更可靠的保证。

一、混凝土入仓方面

碾压混凝土施工中，在混凝土拌制、水平运输、垂直运输入仓、平仓碾压各环节中，混凝土垂直入仓是关键，是主要制约碾压混凝土施工速度的主要环节。根据现场实际施工条件，溢流坝段综合采用了多种碾压混凝土入仓方式。

（一）自卸汽车直接入仓

高程 299m 以下部分采用自卸汽车直接入仓。自卸汽车直接入仓是碾压混凝土入仓的首选方案。该方案施工简单，入仓强度高，入仓强度受入仓手段的影响较小（只需增加自卸汽车数量即可），极为符合碾压混凝土的高强度、快速、连续施工的理念。为防止汽车轮胎将污物带入碾压混凝土仓内，距入仓口40～60m 处设置轮胎冲洗槽，轮胎冲洗槽至碾压混凝土仓面设置干净的级配碎石脱水路面，具有不停车将轮胎冲洗干净的特点，经实践证明效果良好。轮胎及有污染的车箱底经高压水冲洗后由专人检查合格，再经干净的碎石脱水路面进入碾压混凝土仓面。

（二）皮带机＋自卸汽车仓内转料

在溜管系统接料困难或无法接料的条件下可采用皮带机＋自卸汽车仓内转料的入仓方式，皮带机＋自卸汽车仓内转料主要适用于高差较小及负高差、水平距离较短的地形条件，皮带机坡度宜控制在－10°～14°之间。优点：一次性安装可控制较大高差，无需改造，但需在出料口安装负压溜筒或垂直落料器，以减少骨料分离；自卸汽车在碾压混凝土仓号内转料、布料，减少了轮胎冲洗的环节。缺点：运行维护需较大投入。

（三）满管＋自卸汽车仓内转料

高程 299～315m 部分采用垂直满管＋自卸汽车仓内转料入仓。垂直满管＋自卸汽车仓内转料入仓方式主要适用于高差较大、坡度接近垂直坡的地形条件，如相邻坝段有较大高差，高程较低坝段的碾压混凝土入仓可采用本方式。其优点为：入仓强度高；运行维护简单；占地面积小；自卸汽车在碾压混凝土仓号内转料、布料，减少了轮胎冲洗的环节。缺点为：如果运行不善造成堵管，处理困难；为了减少骨料分离，出料口不宜过高，每一至两仓需进行一次提升改造。

（四）大倾角皮带机＋满管＋自卸汽车仓内转料

溢流坝段混凝土施工过程中，由于分期导流，左岸坝段还未施工或在低高程，右岸紧邻的 13 号坝段为预留导流缺口，导致溢流坝段成了一"孤岛"，原设计从右岸 4 号公路末端 340m 高程架设皮带机跨 13 号坝段导流缺口，由于跨度大，达近 70m，架设高度高，支撑立柱达 40m 高，施工难度及安全都难以保证，后经生产性试验，在国内首次引进经改装的大倾角皮带机，较好地解决了溢流坝段高高程碾压混凝土入仓的难题。其优点是：占地及空间少，易布置；提升高度大。缺点是：与常规皮带机比会有 2% 左右的浆液缺失。

为了满足 11 号、12 号坝段高高程碾压混凝土的施工进度要求，充分利用左岸上游围堰及Ⅱ区围堰连接段较为狭小的地形，并根据现场实际情况布置大倾角皮带机系统，以满足高高程碾压混凝土入仓的强度要求。

大倾角皮带机目前主要用于煤炭、化工、电力、建材、冶金、轻工、粮食、港口、船舶等行业。用于水电输送成品混凝土的项目还没有。经过现场实验及两个月以来在沙沱工程上的实践，DJ 型大倾角挡边带式输送机可以输送碾压混凝土。

大倾角皮带机＋自卸汽车仓内转料适用于高差较大、场地较狭窄的地形条件。皮带机需要很长的情况下可采用大倾角皮带机＋自卸汽车仓内转料的入仓方式。

相对于普通皮带机，大倾角皮带机有以下主要特点：

（1）大倾角输送，较常规带式输送机大大缩短输送线路长度，减少土地占用。

（2）提升高度高，最高可达 200m。

（3）品种规格齐全，输送能力范围宽。

（4）同常规带式输送机相比，单位重量物料的输送能耗降低 30％左右。

（5）比斗式提升机的可靠性高，维修费用低。

（6）使用寿命与常规带式输送机基本相当。

（7）运行环境条件及所行应的物料种类与常规带式输送机基本相同。

大倾角皮带机系统布置：机尾布置在纵向围堰连接段高程为 306.0m，机头布置在 11 号坝段仓号内，下料口高程为 340.0m。

大倾角皮带机系统组成：皮带机系统由两个受料斗、一个分料器、下平段、爬坡段、上平段三段皮带机组成。其中下平段为受料斗布置位置，长度为 3.0m。爬坡段坡度为 45°，平距 34.0m，高差 34.0m，斜长为 48.08m，支撑立柱高度范围 8～22.0m。皮带机总长度 53.08m。上平段长 2.0m，接下料口，下料口接皮带式真空溜管，仓内设转料斗一个，自卸汽车接料布料。

大倾角皮带机系统主要参数：皮带宽度 1m，挡边高度 20cm，带速 2m/s，输送能力 150～200m³/h。

二、碾压混凝土温控方面

由于受多种因素影响，施工工期延后，与原计划在低温季节施工的部分碾压混凝土需在高温季节施工。为确保碾压混凝土施工质量及施工进度，首次在国内采用仓面搭设遮阳棚温控措施，有效解决了高温情况下碾压混凝土的温控问题。碾压混凝土是一种干硬性混凝土，采用通仓薄层连续施工，较常态混凝土更易受到高气温、强烈日晒、蒸发、相对湿度、刮风等因素的影响，沙沱水电站坝区极端气温高、且持续时间长，必须采取切实有效的施工技术措施，保证碾压混凝土连续、快速施工，以确保碾压混凝土的施工质量和施工进度。结合并采用以往碾压混凝土高温季节施工技术措施的同时，在沙沱电站大坝高温气候施工时首次采取碾压混凝土仓面搭设遮阳棚的施工技术措施，避免阳光直射，降低仓面气温，形成仓面局部小气候，根据现场测定，依外界环境温度的不同，一般仓面温度较外界环境温度可降低 5～8℃，是在高气温条件下碾压混凝土施工极为有效的温控措施，不足的是在仓面面积 3000m² 以上时，仓面搭设遮阳棚较困难。

三、主要设计变更方面

（1）原设计的 3 孔导流底孔经设计优化后减为 2 孔。

（2）9 号、10 号、11 号坝段设计增设计分缝。

（3）10 号左坝段调整到左岸基坑施工。

第四节　体 会 及 经 验

碾压混凝土施工在国内经过三十多年的发展，已形成了一整套完善的施工工法及工艺措施，区别主要在于如何根据现场的实际施工条件、体形结构及气候环境，选择经济、合理的入仓方案及温度控制措施方面，在溢流坝段碾压混凝土施工中，主要有以下几方面的体会及经验。

一、碾压混凝土施工进度控制方面入仓方式是关键

根据现场实际条件，合理选择入碾压混凝土仓方式，在质量保证的情况下，达到快速、经济的目标。针对溢流坝段处于河床中部，分期导流导致左、右岸均不俱备交通运输条件，以往的碾压混凝土入仓方式均无法布置的情况下，开创性的首次引进以改装的大倾角皮带机系统，较好地解决了溢流坝高高程的碾压混凝土入仓。

二、碾压混凝土质量控制方面温控是关键

碾压混凝土仓号在施工完成后，结合外气温、现场条件，及时采取相适宜的温控措施，以确保混凝土的温度控制满足设计要求。

（1）根据温度监测情况，采取个性化通水冷却，及时降低混凝土内部温度。

（2）高温季节混凝土表面采取花管流水养护、蓄水养护。

（3）冬季施工仓面及时采取覆盖保温被进行保温，在寒潮来之前，对当年9月及以后施工的混凝土外露面采取覆盖保温被等措施。

第五章 闸墩、溢流面混凝土工程

第一节 闸墩、溢流面施工概况

一、结构特点

9～12号坝段为溢流表孔坝段，溢流表孔共7孔，布置在河床中部主河道上，每孔净宽15m，闸墩宽5.0m（边墩宽4.0m），溢流前沿总宽143m，堰顶高程342.00m。溢流表孔最大下泄流量32019m³/s，最大单宽流量304.76m³/s。

闸墩、溢流面混凝土总量为105714m³，钢筋总量为5362t，其中闸墩4950t，溢流表孔412t。

溢流面常态混凝土工程量为25746m³，溢流面共7块，每块3678m³。各类混凝土工程量：C25Ⅱ级配混凝土6534m³，C25Ⅱ级配加聚丙烯纤维混凝土19212m³。

闸敦常态混凝土工程量约7.7万m³。

二、工期完成及完成工程量

闸墩溢流面完成工期见表5-1。

表5-1　　　　　　　　闸墩溢流面完成工期表

序号	部　位	完成工期	备注
1	1号闸墩	2010-11-18至2011-7-16	
2	2号闸墩	2010-11-20至2011-8-16	
3	3号闸墩	2010-11-23至2011-8-28	
4	4号闸墩	2010-12-9至2011-10-10	
5	5号闸墩	2010-9-16至2011-9-19	
6	6号闸墩	2010-8-19至2011-10-1	
7	7号闸墩	2010-8-25至2011-10-15	
8	8号闸墩	2010-8-23至2011-10-28	
9	1号溢流表孔	2010-10-11至2011-5-5	
10	2～7号溢流表孔	2009-11-6至2011-6-15	

注 闸墩、溢流面共完成混凝土10.6万m³。

三、施工特点、重点及难点

（1）闸墩设计为宽尾墩，结构体形复杂，门槽、预留孔洞、预埋件多，钢筋复杂，交叉作业多，浇筑施工难度大。

（2）闸墩溢流面混凝土主要采用皮带机系统入仓，皮带机系统在混凝土运输过程中的存在少量漏料到其他闸墩仓面内，影响备仓。

（3）2010 年 2 月下旬，11 号、12 号坝段坝体碾压混凝土浇筑至设计 337.0m 高程，达到了溢流面及闸墩施工的形象面貌，由于左侧坝段还处于低高程，右侧为预留过流缺口坝段，导致形成一"孤岛"，溢流面、闸墩施工交通、垂直吊运设备部署安装困难。

第二节　闸墩、溢流面具体施工方案及方法

一、施工布置

（一）门塔机布置

共布置门、塔机 4 台：DMQ540（30t）门机 1 台（行走式），C7050B 塔机 2 台（固定式），QTZ40（5010）塔机 1 台（固定式）。

1. 临时塔机

塔机型号：C7050B，固定式，最大控制半径 60m（吊重 6.2t），最小控制半径 3m（吊重 20t）。第一阶段布置位置的中心点桩号：坝纵 0＋009.936m，坝横 0＋375.500m，安装高程为 312.0m，塔身安装高度为 50.0m。

主要用途：主要用于前期低高程混凝土施工的材料、模板吊运，第二阶段拆装至 11 号坝段作为 1 号塔机。

2. 门机

门机型号：DMQ540（30t），行走式，最大控制半径 37m（吊重 10t），最小控制半径 17m（吊重 30t），其超重特性主要参数见图 5－1。安装高程为 337.0m。轨道中心线桩号：坝纵 0＋009.936m。轨道起始桩号：坝横 0＋337.500～0＋443.500m，9 号、10 号坝段碾压混凝土浇筑至 337.0m 高程后将轨道向左延长至坝横 0＋312.500m。采用 100t 履带吊从 10 右坝段 312m 高程坝面将门机各结构件及 40t 汽车吊运至 11 号坝段碾压混凝土顶 337m 高程，要高程用 40t 汽车吊装。受料点布置：浇筑 8 号闸墩时受点布置在 13 号坝段 297.0m 高程平台或 10 号右坝段 312.0m 高程平台；浇筑其他部位时，前期布置在 10 号右坝段 312.0m 高程平台，后期布置在 10 号右坝段坝前 312.0m 高程平台。

主要用于 1 号、2 号塔机安装，混凝土垂直吊运，钢筋、模板及其他材料

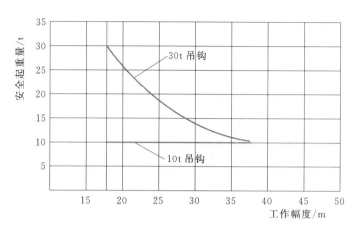

图 5-1 DMQ540（30t）门机起重特性曲线图

的吊运、安装。

3.1 号塔机

临时塔机拆安至 11 号坝段作为 1 号塔机。

塔机型号：C7050B，固定式，最大控制半径 60m（吊重 6.2t），最小控制半径 3.0m（吊重 20t），控制半径为 41.3m 时吊重为 10t，可吊 3m³ 混凝土，其超重特性主要参数见表 5-2。布置位置的中心点桩号：坝纵 0+021.186m，坝横 0+403.000m，安装高程为 330.5m，塔身安装高度为 54.28m。受料点布置：前期布置在 10 号右坝段 312.0m 高程平台，后期布置在 10 号右坝段坝前 312.0m 高程平台。

主要用于：混凝土垂直吊运，钢筋、模板及其他材料的吊运、安装。

表 5-2 1 号塔机（C7050B）起重载荷特性表

工作幅度/m	3.0	22.4	23	27	30	33	37	40	41.3	43	47	50	53	57	60
安全起重量/t	20	20	19.4	16.1	14.3	12.7	11.1	10.1	10	9.5	8.5	7.9	7.3	6.6	6.2

4.2 号塔机

塔机型号：C7050B，固定式，最大控制半径 40m（吊重 10.1t），最小控制半径 3.0m（吊重 20t），可吊 3m³ 混凝土入仓，其超重特性主要参数见表 5-3。布置位置的中心点桩号：坝纵 0+021.186m，坝横 0+332.000m。安装高程为 330.5m，塔身安装高度为 46.5m。受料点布置在 10 号右坝段坝前 312.0m 高程平台。

9 号、10 号坝段碾压混凝土浇筑至 337.0m 高程后，进行 2 号塔机的安装。

主要用于混凝土垂直吊运，钢筋、模板及其他材料的吊运、安装。

表 5-3   2 号塔机（C7050B）起重载荷特性表

工作幅度/m	3.0	22.4	23	27	30	33	37	40
安全起重量/t	20	20	19.4	16.1	14.3	12.7	11.1	10.1

5. 3 号塔机

塔机型号：QTZ40（5010），固定式，最大控制半径 50m（吊重 1.0t），最小控制半径 3.0m（吊重 2.0t），其超重特性主要参数见图 5-2。布置位置的中心点桩号：坝纵 0+018.780m，坝横 0+413.800m。安装高程为 334.5m，塔身安装高度为 15.5m。

主要用于 1 号塔机投入运行之前的钢筋、模板及其他材料的吊运、安装。待 1 号塔机安装调试完成投入使用后，将其拆除。

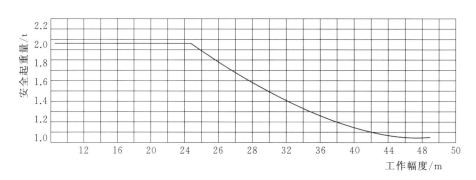

图 5-2   QTZ40（5010）塔机（3 号）起重特性曲线图

6. 门、塔机之间的相互关系

（1）在 1 号塔机投入运行之前安装 3 号塔机，用于低高程的钢筋、模板及其他材料的吊运、安装。待 1 号塔机安装调试完成投入使用后，将其拆除。

（2）首先安装临时塔机，用于安装门机。门机投入运行后，用门机将临时塔机拆装至 11 号坝段，为 1 号塔机。

（3）9 号、10 号坝段碾压混凝土浇筑至 337.0m 高程后将 DMQ540 门机轨道向左延长至坝横 0+312.500m。

（4）门机轨道中心线至 1 号、2 号塔机中心点的距离为 11.25m，门机机尾的旋转半径为 8.0m，塔机塔身的尺寸为 2.5m×2.5m。则门机在旋转过程中机尾离塔机塔身之间的安全距离为 2.0m。

（5）门、塔机之间的相互关系。门、塔机运行过程中，为了减少互相干扰，制定专项运行管理措施，主要包括以下几个方面：①门机的旋转操作，其臂杆只能向上游旋转；②门机在行走时，其臂杆尽量处于坝轴线方向，或朝向上游；③塔机的旋转操作，其臂杆只能向下游旋转；④在不工作时，塔机的吊钩处于最高位置。

（6）1号、2号塔机之间的相互关系。1号、2号塔机中心点距离为71.0m，1号塔机比2号塔机高7.28m，在不工作时塔机吊钩处于最高位置，不会发生干扰；工作中，1号、2号塔机的旋转方向按规定朝不同的方向进行旋转。

（二）皮带机混凝土入仓系统布置

系统共分为两阶段，以352m高程为界，低高程为一个阶段：在进水口平台（324.5m高程）布置受料斗，用110m普通皮带机向大倾角皮带机送料，利用大倾角皮带机提升坡度大（坡度为45°）的优势将混凝土提升至355.0m高程，之后用81m滑动式皮带机向每个闸墩供料，仓号内布置35m滑动式皮带机实现全覆盖布料。

高高程为第二阶段：将81m滑动式皮带机由355.0m高程抬高至374m高程。大倾角皮带机至主皮带机由两条之字形皮带机连接送料，坡度为15°。仓内用35m滑动皮带机布料。

二、皮带机混凝土入仓系统施工

（一）皮带机混凝土入仓系统的组成及参数

1. 第一阶段

皮带机混凝土入仓系统的主要组成：9m料斗1个，110m上料皮带机1条，大倾角皮带机1套，81m水平滑动式主皮带机1条，仓内滑动式支皮带机2条，支撑系统1套。

大倾角皮带机主要由两个受料斗、一个分料器、下平段、爬坡段、上平段三段皮带机组成。其中下平段为受料斗（9m³）布置位置，长度为5.5m。爬坡段坡度为45°，平距34.0m，高差34.0m，斜长为48.08m，支撑立柱高度范围4.28～22.0m，除机头部位四管柱断面尺寸为2.8m×2.8m外，其他部位四管柱断面尺寸均为1.4m×1.4m。皮带机总长度55.88m。上平段长2.3m，接下料口，下料口处设转料斗（6m³）1个。

仓内皮带机（长度为35m）垂直于坝轴线布置，位于闸墩中部。其行走桁架长度为46.4m，由闸墩内布置的12根门形架支撑。仓内皮带机在桁架上滑动，有正反转的功能，在闸墩内全方位布料。

2. 第二阶段

皮带机混凝土入仓系统的主要组成：9m料斗1个，110m上料皮带机1条，大倾角皮带机1条，之皮带机2条，81m水平滑动式主皮带机1条，仓内滑动式支皮带机 2 条，支撑系统 1 套。

之字皮带机的主要组成：由两条皮带机及一根立柱组成。1 号皮带机长 32.6m，坡度为 15°，2 号皮带机长 39.1m，坡度为 15°。从大倾角皮带机受料，给 81m 水平滑动主皮带机供料。

（二）皮带机系统施工程序及施工方法

1. 皮带机系统施工程序

皮带机系统施工程序皮带机选址→测量放线→基础清理→基础施工→四管柱、门形柱支撑系统安装→皮带机机安装→调试、投入使用。

2. 皮带机系统施工方法

（1）皮带机系统基础施工。四管柱支撑混凝土基础为 150cm（长）× 150cm（宽）×50cm（高），门形柱支撑混凝土基础为 150cm（长）×80cm（宽）×50cm（高），使用仓号内向同的混凝土浇筑，拆模后外露面打毛，作为结构混凝土的一部分。基础混凝土底部打插筋，每个基础四根 $\phi25$ 插筋，长 1.5m，外露 0.5m。

混凝土浇筑前，先清除基础面上的杂物、泥土，并用压力水将基础面冲洗干净。基础面处理合格后，用全站仪、水准仪等进行测量放线检查规格，将基础或基础板体型的控制点线放在明显地方，并在方便度量的地方给出高程点，确定立模边线，并作好标记。采用散拼木模板，模板用汽车运输到工作面，人工安装。施工前按施工图纸进行模板安装的测量放样，模板安装过程中，设置足够的临时固定设施，以防变形和倾覆。

（2）四管柱、两管柱支撑系统施工。根据实际地形情况，之字形皮带机系统需在溢流面 326m 高程布置一个门形支架（高度 23.57m）；水平滑动皮带机需在每个闸墩内布置一个四管柱支撑（高度为 12.14m，共 97.12m）；活动式支皮带机需在每个闸墩内布置 12 根门形架支撑皮带机，共 96 根门形架。

1）四管柱支撑加工。四管柱支撑和皮带机桁架在模板厂进行加工。四管柱断面尺寸均为 1.4m×1.4m，材料竖向钢管选用 $\phi159mm×8mm$ 无缝钢管，横向及斜撑用 [20 槽钢及 ∠7 角钢。竖向钢管间距 1.4m，层高间距 1.0m。水平钢管从竖向钢管的底部开始连接。钢管之间焊接，焊缝必须饱满，无假焊，无气泡，无漏焊。

2）门形柱支撑加工。门形柱支撑和皮带机桁架在模板厂进行加工。门形柱宽度为 1.4m，门形柱材料竖向钢管选用 $\phi100mm×6mm$ 钢管，横向及斜撑用 $\phi100mm×6mm$ 钢管。竖向钢管间距 1.4m，层高间距 1.0m。水平钢管从竖向钢管的底部开始连接。钢管之间焊接，焊缝必须饱满，无假焊，无气泡，无漏焊。

3）四管柱、门形柱支撑的运输和安装。四管柱、门形柱支撑和皮带机桁架加工完成后用 40t 汽车吊从模板厂装车，用 20t 平板车运输，经 5 号公路和上游围堰施工道路运输至工作面。

四管柱、门形柱支撑和皮带机桁架用 40t 汽车吊进行卸车，并配合人工进行安装，将四管柱支撑竖直焊接在混凝土基础预埋插筋上。支撑柱安装完成后，用混凝土将支撑柱底部浇筑固定。

（三）质量控制措施

皮带机系统入仓相对卧罐入仓而言，混凝土容易产生水分损失、外来水分侵入、骨料分离、砂率损失四种主要缺点。针对上述缺点，需采取如下措施。

1. 水分损失、外来水分侵入控制措施

皮带系统使用时，高温天气时容易产生水分损失，皮带机除仓内皮带机以外，全程搭设遮阳棚，运输车辆也安装了遮阳棚，防止阳光直接照射混凝土，减少水分损失。皮带机与皮带机、皮带机与仓面、仓面与拌和楼运行人员之间，全部采用对讲机实时联系，减少入仓前等待时间，减少混凝土水分损失。

固定水管冲洗皮带时，可对皮带的下层（非输送物料层）进行冲洗，不得对皮带的上层（输送物料层）进行冲洗，冲洗水用溜槽排出，禁止进入浇筑的仓内，防止外来水分侵入。

2. 降低骨料分离程度和砂率损失

在带速小于 2.5m/s 的皮带机系统中，混凝土在皮带上并不会产生骨料分离，在皮带机机头下料时容易产生骨料分离、细骨料黏附在皮带上被皮带带走并散落于皮带机下现象，施工过程中采取的措施：增大皮带机的下料斗尺寸，在机头滚筒下方增加两道以上的"刮刀"（刀片用聚胺酯制作），保证能将绝大部分浆液（主要是砂和水泥浆）刮下并落到下料斗内，减少细骨料的损失，上一皮带机与下一皮带机之间，减少落料高度，特别是仓内皮带与仓面下料点之间，采取皮溜筒下料并保证皮溜筒出口距受料点之间距离小于 1.5m，能较好地减少骨料的分离程度。

实践中发现，骨料的分离性与混凝土的坍落度有较大的相关性，当坍落度控制在 9～11 时，骨料的分离程度能有较大的改善。

3. 出机口与仓号内混凝土的对比试验

混凝土机口——仓面对比试验是同一车混凝土经拌和楼出机口取样后跟踪至浇筑仓面再取样，对混凝土的拌和物性能及强度进行对比试验。试验结果表明同一车混凝土经皮带机入仓后仓面拌和物的各项指标相比机口混凝土略有降低，强度相对稳定；混凝土经皮带机转动后出现不同程度的浆液和骨料分离现象，可根据现场反馈信息对机口进行局部调整，经机口动态调整的混凝土经皮带机入仓后可满足施工及质量要求。对比试验成果见表5-4和表5-5。

表5-4　　　　　　　　　　出机口——仓面对比试验成果一

试验编号	混凝土强度等级	取样地点	混凝土样重/kg	筛洗后样重/kg	砂浆重/kg	含浆量/%	损失率/%
A-3312	C30Ⅱ（7～9）	机口	18.3	10.6	7.7	42.1	1.5
A-3313		仓面	18.3	10.9	7.4	40.6	
A-3529	C30Ⅱ（7～9）	机口	17.7	10.0	7.7	43.5	1.4
A-3529'		仓面	17.1	9.9	7.2	42.1	

表5-5　　　　　　　　　　出机口——仓面对比试验成果二

试验编号	混凝土强度等级	取样地点	坍落度	含气	气温	混凝土温度	7d抗压强度/MPa	28d抗压强度/MPa
A-3292	C45Ⅱ（7～9）	机口	9.9	4.0	19.0	15.0	32.7	47.2
A-3293		仓面	6.4	3.7	18.0	16.0	33.3	48.1
A-3312	C30Ⅱ（7～9）	机口	9.9	4.0	18.0	19.5	26.6	36.9
A-3313		仓面	4.0	3.7	18.0	16.0	29.3	38.1
A-3514	C25Ⅱ（7～9）加纤维	机口	9.6	3.4	18.5	22.0	16.3	32.7
A-3514'		仓面	—	—	—	—	21.7	32.0
A-3521	C30Ⅱ（7～9）加纤维	机口	10.2	3.6	29.0	26.0	21.2	34.3
A-3521'		仓面	7.2	3.3	29.0	25.0	21.8	33.3
A-3529	C30Ⅱ（7～9）	机口	9.8	2.4	29.0	27.0	22.4	34.3
A-3529'		仓面	7.1	2.3	28	27	—	33.1

三、模板工程

（一）模板的选型及数量

（1）闸墩的模板采用8套双层翻转模板（共计448块3.0m×3.0m翻转模板），闸墩坝纵0+000.000m桩号以下为直线段，长度为44.4m，宽度为5m，除去检修闸门槽部位3.4m宽，单个闸墩共需模板块数为：［（44.4-3.4）÷3×2＋5÷3］×2＝56（块），8个闸墩共448块。

（2）墩头圆弧曲线采用8套异型定型模板，共计96块1.6m×3.325m定型模板。墩头圆弧曲线段长度为6.65m×2m，每个闸墩布置三层1.6m高程模板，单个闸墩共需模板块数为：6.65÷3.325×2×3＝12（块）。

（3）闸墩宽尾墩采用散拼钢模板，局部用木模板补缝。

（4）溢流面主要采用散拼钢模板，顶部337m高程以上部分采用拉模。

（5）二期混凝土部位采用木模板。

（二）模板施工

1. 说明

（1）模板的设计、制作和安装应保证模板结构有足够的强度和刚度，以承受混凝土浇筑和振捣产生的任何荷载或其他任何施加给结构的荷载，防止产生移位，确保混凝土结构外形尺寸准确，并有足够的密封性，以避免漏浆。

（2）所有的模板采用优质完好的材料，不得有削弱模板强度或在模板拆除后影响混凝土外观的任何缺陷。

（3）模板必须使混凝土表面平整均匀，且达到本合同条款所要求的平整度和误差限制。凡达不到表面平整度要求的模板，必须按监理人的指示予以修理或更换。

2. 模板的安装、拆除

根据现场实际情况，用门、塔机进行模板的安装与拆除。

四、分层分块

（一）溢流面混凝土分层分块

本工程施工项目共流溢面 7 块，从左至右分别编号为 1～7 号。

溢流面的高程范围：下游从高程 309.005～342.0m；上游从高程 327.5～342.0m。

1. 溢流面分层

溢流面 337.0m 高程以下分层：下游部位按每个预留台阶一层进行分层，共 12 层，每层高度为 2.0～2.5m，采用固定样架倒模分块施工；上游部位按每层 3.0m 高进行分层。

溢流面 337.0m 高程以上分层：共 5m 高，分为 1 层，用滑模浇筑。

2. 溢流面分块

318.5m 高程以下按大坝的结构分缝进行分块，共分为 4 块：9 号坝段溢流面、10 号坝段溢流面、11 号坝段溢流面、12 号坝段溢流面。

318.5m 高程以上按溢流表孔进行分块，每块 15.0m 宽。

（二）闸墩混凝土分层

本工程施工项目共有闸墩 8 个，从左至右分别编号为 1～8 号。

闸墩的高程范围：下游从 311.005～371.0m 高程；上游从 328.0～371.0m 高程。

闸墩分层。上游 336.5m 高程以下部分与流溢面一起施工；下游 312.204m 高程以下部分与流溢面一起施工。

闸墩的分层除第一层浇筑至314.0m高程（高度为1.8m）外，其他部位均为3.0m高一层。

五、混凝土施工

（一）配料与拌和

1. 基本要求

（1）拌制混凝土时，严格遵守现场试验室提供并经监理人批准的投料程序和混凝土配料单进行配料，严禁擅自更改投料程序和配料单。

（2）所有的称量、指示、记录及控制设备有防尘措施，设备称量准确，其称量偏差不超过《水工混凝土施工规范》（DL/T 5144—2001）中有关条文的规定，按监理人的指示定期校核称量设备的精度。

（3）混凝土搅拌楼有可靠的措施保证每种强度等级和每种级配的混凝土易于区别。

2. 配料

（1）各种级配的骨料及不同品种和强度等级的散装水泥、散装粉煤灰分期分批储存，并悬挂明显标志。所有的骨料用不同的称量设备分别称量或用同一设备进行累计称量。散装水泥和粉煤灰用不同的料斗分别称量。水的量测以重量计，计量时，不能同其他成分累计称量。

（2）配料设备自动并相互连锁，即在配好的料未完全卸出且卸料阀门完全关闭之前下一次配料不能启动；在所有配料料斗未正确装好且称量设备尚未调到平衡以前，任何料斗的卸料阀门不能开启；在配好的料斗中的料未完全卸出且称量设备没有恢复平衡以前卸料阀门无法关闭。搅拌楼内，水阀相互连锁，以便在充水阀关闭前，配料卸料阀无法开启。外加剂计量器应与水配料器相互连锁。

（3）所有的称量设备定期进行校准、测试。测试的误差在总的称量能力的0.4%以内。设备每月予以校验，必要时抽查，校验在监理人到场的情况下进行。每次校验，按要求做好相应的调整、维护、替换以后，方可进一步使用。

（4）配料设备能易于对骨料中含水量引起的重量变化和混凝土配合比的变化进行补偿调整。配料设备须保证在给料和量料过程中产生的总误差不超过表5-6所列范围。

表5-6　　　　　　　　　配料允许误差

序号	材料	误差百分比（按重量）/%	备注
1	水泥、粉煤灰	±1	
2	细骨料	±2	

续表

序号	材料	误差百分比（按重量）/%	备注
3	粗骨料	±2	
4	外加剂	±1	
5	水	±1	

（5）至少配备一台经批准的砂含水量测定装置，用以监测砂的水分变化情况。装置的安放位置便于操作控制。

3. 拌和

（1）拌和楼有合适的取样设备，便于取样和试验。

（2）混凝土拌和时间通过试验确定，并经监理人批准后实施。在每次拌和循环前1/4的循环时间内，将所有固体物料加入搅拌机，拌和水加入后的最少拌和时间符合《水工混凝土施工规范》（DL/T 5144 — 2001）表7.1.4的规定。

（3）每台搅拌机装有定时器及信号设施，以保证混凝土有足够的拌和时间。拌和楼中还包括有一台统计设备，自动记录拌和的各批混凝土的数据。

（4）因混凝土拌和及配料不当，或因坍落度、引气量、温控要求等不合格的混凝土弃置在指定的场地。

（5）现场外掺氧化镁时，注意做到充分混合，使氧化镁均匀分布到混凝土中。

（二）混凝土运输

1. 总要求

混凝土出拌和楼后，迅速运达浇筑地点，运输中无分离、漏浆和严重泌水现象，并尽量缩短运输时间，减少转运次数。因故停歇过久，已经初凝的混凝土作为废料处理。

混凝土入仓时，防止离析，其垂直落距大于1.0m的加设缓降措施。

2. 采用各类皮带机运输混凝土规定

（1）混凝土运输中避免骨料分离、砂浆损失，必要时适当增加配合比的砂率。

（2）当输送混凝土的最大骨料粒径大于80mm时，进行适应性试验，满足混凝土质量要求。

（3）皮带机卸料处应设置挡板、卸料导管和刮板。

（4）皮带机布料均匀，堆料高度应小于1m。

（5）设冲洗设施及时清洗皮带上粘附的水泥砂浆，并防止冲洗水流入仓内。

（6）露天皮带机上搭设盖棚，以免混凝土受日照、风、雨等影响；低温季节施工时，采取保温措施。

3. 门塔机吊罐

门塔机或其他起重设备运输，根据浇筑仓面面积选用容积为 $1m^3$、$3m^3$ 吊罐，吊罐的出料口净面积和门狭口不小于吊罐内部最大水平面积的 $1/3$。漏斗内坡与水平夹角不小于 $60°$，并用气压或液压操作。

4. 汽车运输规定

（1）运输混凝土的汽车为专用；运输道路保持平整。

（2）装载混凝土的厚度不小于 40cm，车厢密闭不漏浆。

（3）每次卸料，将所载混凝土卸净，并适时清洗车厢（料罐）。

（4）汽车运输混凝土直接入仓时，有确保混凝土施工质量的措施。

5. 用溜筒、溜管、溜槽、真空溜管运输混凝土规定

（1）溜筒（管、槽）内壁应光滑，开始浇筑前用砂浆润滑筒（管、槽）内壁；当用水润滑时将水引出仓外，仓面有并要的排水措施。

（2）使用溜筒（管、槽），经过试验论证，确定溜筒（管、槽）高度与合适的混凝土坍落度。

（3）溜筒（管、槽）宜平顺，每节之间连接牢固，有防脱落保护措施。

（4）运输和卸料过程中，避免混凝土分离，不向溜筒（管、槽）内加水。

当运输结束或溜筒（管、槽）堵塞经处理后，及时清洗，且防止清洗水进入新浇混凝土仓内。

6. 所有的水平运输方式设置遮阳、防雨措施。

（三）混凝土浇筑

1. 仓面浇筑工艺设计

在混凝土浇筑前进行详细的仓面浇筑工艺设计，包括浇筑块单元编号、结构形状、埋件位置、各种混凝土的工程量、浇筑方法（平铺法、台阶法、层厚、次序、方向等）、浇筑时间、浇筑手段、仓面设备、温控措施、养护方法，并绘制混凝土仓面浇筑工艺流程图表，于混凝土开始浇筑前 24h 报监理人批准。

2. 仓面验收

任何部位混凝土开始浇筑前 8h（隐蔽工程为 12h），承包人必须通知监理人对浇筑部位的准备工作进行检查。检查内容包括地基处理、已浇筑混凝土面的清理以及模板、钢筋、插筋、灌浆系统、预埋件、止水和观测仪器等设施的埋设和安装、冷却水管的埋设和安装等，经监理人检验合格后，进行混凝土浇筑。

任何部位混凝土开始浇筑前，先将该部位的混凝土浇筑的配料单提交监理人审核，经监理人同意。

3. 仓面准备

浇筑前建基面要验收合格。

结构面处理混凝土在本部位基础混凝土浇筑前完成。

老混凝土上的浇筑仓，先采用风砂枪辅以人工凿毛，去掉混凝土乳皮并冲洗干净，使其成为新鲜、干净、湿润的麻面，在浇筑第一层混凝土前，先铺一层2～3cm厚的水泥砂浆（经试验并报监理人批准后也可铺设一层小级配混凝土或同强度等级的富砂浆混凝土）。砂浆的强度等级比同部位混凝土高一级。每次铺设砂浆的面积与混凝土浇筑强度相适应，混凝土及时覆盖，铺设施工工艺保证混凝土与基岩或老混凝土结合良好。

对仓内的钢筋、模板、止水、预埋件等进行安装、检查，并做好记录。

4. 混凝土浇筑作业

根据监理人批准的浇筑分层分块和浇筑程序进行施工。不合格的混凝土严禁入仓，已入仓的不合格混凝土予以清除，并按监理人的指示弃置在指定地点。

浇筑混凝土时，不在仓内加水。如发现混凝土和易性较差，采取加强振捣等措施，以保证质量。

混凝土浇筑保持连续性，浇筑混凝土允许间歇时间按试验确定，或按《水工混凝土施工规范》（DL/T 5144 — 2001）表7.3.11的规定。若超过允许间歇时间，按施工缝处理。两相邻块浇筑间歇时间不得小于72h。

混凝土浇筑层厚度按设计要求进行，大体积混凝土浇筑厚度：基础约束区一般为1～1.5m，脱离基础约束区一般为2～3m，其他结构混凝土根据搅拌、运输和浇筑能力、振捣器性能及气温等因素确定，一般情况下，不超过表5-7的规定。

表5-7 混凝土浇筑层的允许最大厚度

振捣设备类别		浇筑坯层允许最大厚度
插入式	振捣机	振捣棒（头）长度的1.0倍
	电动或风动振捣器	振捣棒（头）长度的0.8倍
	软轴式振捣器	振捣棒（头）长度的1.25倍
附着式	无筋或单层钢筋结构中	250mm
	双层钢筋结构中	200mm

5. 雨天的混凝土浇筑

降雨强度每6min大于0.3mm时，任何露天的混凝土不得开仓浇筑。如果浇筑过程中降雨强度每 6min 大于 0.3mm 时，立即中止混凝土入仓作业。已入仓的混凝土将表面覆盖以防止雨水混入并冲刷混凝土，尽快将混凝土平仓捣实。在混凝土浇筑过程中降雨强度每 6min 小于等于 0.3mm 时，采取下列措施继续浇筑。

（1）适当减少混凝土拌和用水量和出机口混凝土的坍落度，适当减少混凝土的水胶比。

（2）加强仓内排水和防止周围雨水流入仓内。

（3）做好新浇筑混凝土面尤其是接头部位的保护工作。

（4）降雨停止后混凝土恢复浇筑时，如果表面的混凝土尚未初凝，按照监理人的指示对混凝土表面进行适当的处理后重新开始浇筑混凝土，否则待混凝土完全凝固后按水平施工缝进行处理。

（5）有抗冲耐磨和抹面要求的混凝土不在雨天施工。

6. 施工缝处理

施工缝处理包括工作缝处理及冷缝处理。工作缝是指按正常施工计划分层间歇上升的停浇面；冷缝是指混凝土浇筑过程中因故终止或延误、超过允许间歇时间的浇筑缝面。

在浇筑分层的上层混凝土浇筑前，对下层混凝土的施工缝面，按监理人批准的方法进行高压水冲毛或凿毛处理，开始冲毛时间及冲毛时水压、风压等根据现场试验确定并得到监理人的批准。缝面冲毛后清理干净，保持清洁湿润，在浇筑上一层混凝土前，将层面清除干净后均匀铺设一层 2~3cm 的水泥砂浆（经试验并报监理人批准后也可铺设一层小级配混凝土或同强度等级的富砂浆混凝土）。砂浆强度等级比同部位混凝土强度等级高一级，每次铺设砂浆的面积应与浇筑强度相适应，以铺设砂浆后能及时被覆盖为限。

（1）混凝土水平施工缝处理。

1）处理方法：在混凝土初凝后终凝前，采用压力水或冲毛枪辅以人工凿毛将施工缝面处理成毛面，清除缝面上所有浮浆、松散物及污染体，露出粗砂粒或小石，水由浑变清。

2）开始冲、打毛时间及冲毛时压力：根据现场试验确定，并由监理工程师认可或批准。

3）缝面冲、打毛后清洗干净，保持清洁、湿润，为确保新浇筑混凝土与老混凝土结合良好，在浇筑上一层混凝土前，将层面松散物及积水清除干净后均匀铺设一层比同部位混凝土标号高一级的 2~3cm 厚水泥砂浆。每次铺设砂浆的面积与浇筑强度相适应，以铺设砂浆后 30min 内被混凝土覆盖为限。

（2）结构缝及止水。

1）结构缝。结构缝间采用沥青杉木板。

2）止水。①止水铜片跨缝对中安装，永久分缝处采用连续翻转模板配以止水部位钢面板，其他止水铜片处采用整块标准模板，并用 Ω 形托架或卡具定位，确保在混凝土浇筑过程中不产生变形或位移。②止水铜片的凹槽部位用沥青麻丝填实，安装时凹槽部位与伸缩缝位置一致，骑缝布置。③为确保止水片两翼与混凝土紧密结合，浇筑止水片附近混凝土下料时，混凝土避免直接冲击止水片；混凝土浇筑过程中，安排专人维护；采用软轴振捣棒振捣，振捣棒不得触及止水片。

7. 混凝土振捣

混凝土振捣根据不同部位和结构分别采用插入式振捣器、平板振捣器等施工。

在常态混凝土浇筑振捣时，振捣器不触及模板、钢筋、止水和预埋件，与其保持 5～10cm 的距离。对于边角及止水、埋件部位，辅以人工振捣的办法加强振捣。

（四）混凝土养护

混凝土浇筑完毕后，及时洒水、流水或薄膜进行养护，保持混凝土表面湿润。

（1）采用洒水养护，在混凝土浇筑完毕后 6～18h 内开始进行，其养护时间不少于 28d，有特殊要求的部位应适当延长养护时间。大体积混凝土的水平施工缝养护到浇筑上层混凝土为止。

（2）薄膜养护：在混凝土表面涂刷一层养护剂，形成保水薄膜，涂料不影响混凝土质量；在狭窄地段施工时，使用薄膜养护液注意防止工人中毒。采用薄膜养护的部位，必须报监理人批准。

（3）混凝土养护有专人负责，并作好养护记录。

（五）混凝土表面抗磨和抗冲蚀部位的施工

为避免高速水流引起空蚀，施工中按施工图纸和监理人指示，严格控制表面不平整度。

（1）表孔溢洪道和底孔水流边界混凝土表面凹凸度不能超过 3mm，凸部应磨平，磨成不大于 1∶50 的斜度或按施工图纸规定执行。

（2）闸门底槛及邻近闸门底槛的混凝土表面要光滑，与施工图纸所示理论线的偏差不大于 3mm/1.5m。

（3）一般过水混凝土凹凸度不能超过 5mm，凸部应磨平，磨成不大于 1∶20 的斜度，或按施工图纸规定执行。

（六）混凝土面的修整

1. 有模板的混凝土结构表面修整

（1）有模板混凝土浇筑的成型偏差不超过表 5－8 规定的数据。

表 5－8　　　　　　　混凝土结构表面的允许偏差

序号	项目	混凝土结构部位/mm	备注
1	相邻两板面高差	3	
2	局部不平（用 2m 直尺检查）	5	
3	结构物边线与设计边线	10	
4	结构物水平截面内部尺寸	±20	
5	承重模板标高	±5	
6	预留孔、洞尺寸及位置	10	

（2）混凝土表面缺陷处理。

1）立模浇筑的混凝土中，有缺陷部分的修复在拆模后 24h 内完成。混凝土表面蜂窝凹陷或其他损坏的混凝土缺陷按监理人指示进行修补，直到监理人满意为止，并做好详细记录。

2）修补前用钢丝刷或加压水冲刷清除缺陷部分，或凿去薄弱的混凝土表面，用水冲洗干净；采用比原混凝土强度等级高一级的砂浆、混凝土或其他填料填补缺陷处，并抹平；修整部位加强养护，确保修补材料牢固黏结，色泽一致，无明显痕迹。

3）混凝土浇筑块成型后的偏差不超过模板安装允许偏差的 50%～100%，特殊部位（如溢流面、门槽等）按施工图纸的规定。

2. 预留孔混凝土

（1）按施工图纸要求，在混凝土建筑物中预留各种孔穴。为施工方便或安装作业所需预留的孔穴，需经监理人批准并在完成预埋件埋设和安装作业后，采用混凝土或砂浆予以回填密实。

（2）除另有规定外，回填预留孔用的混凝土或砂浆，与周围建筑物的材质相一致。

（3）预留孔在回填混凝土或砂浆之前，先将预留孔壁凿毛，并清洗干净和保持湿润，以保证新老混凝土结合良好。

（4）回填混凝土或砂浆过程中仔细捣实，以保证埋件黏结牢固，以及新老混凝土或砂浆充分黏结，外露的回填混凝土或砂浆表面抹平，并进行养护和保护。

（七）混凝土表面缺陷处理

混凝土表面外露钢筋头、管件头、表面蜂窝、麻面、气泡密集区、错台、挂帘，表面缺损、非受力钢筋，小孔洞、单个气泡、表面裂缝等，进行修补和处理，以满足施工详图和招标文件技术条款的平整度。

1. 检查

混凝土表面缺陷先认真检查，查明表面缺陷的部位、类型、程度和规模，并将检查资料报送监理人，修补实施方案经监理人批准后才能进行修补。监理人将对不平整表面进行检查，并根据其表面不平整确定是否采用深挖除，然后用预缩砂浆或混凝土回填，还是仅凿除表面缺陷，然后用预缩砂浆或环氧砂浆或其他经监理人准许的砂浆回填。监理人还将确定混凝土挖除的范围、洞的形状和用于修补的材料及回填的混凝土是否采用锚杆等加固措施。任何挖除不能切断混凝土内的钢筋。

2. 修补面处理

（1）凸出于规定表面的不平整表面用凿子、凿石锤和砂轮去掉。

（2）凹入表面以下的不平整用凿石锤、锯子和凿子除掉缺陷的混凝土，形成供填充和修补用的足够深的洞。然后按监理人要求作洞形处理，再进行清洗、准备、填充和修补。

（3）采用砂浆或混凝土修补时，在待修补处和它周围至少 1.5m 范围内应用水使之湿润，以防附近混凝土区域从新填补的砂浆或混凝土中吸收水分。在准备的部位湿润以后，用干净水泥浆在该区域涂刷一遍，然后用预缩砂浆或混凝土进行回填修补。如果使用环氧砂浆，当在修补区涂刷厂商推荐的环氧树脂。

3. 修补要求

（1）预缩砂浆。干硬性水泥预缩砂浆由水泥、砂、水和适量外加剂组成。水泥选用与原混凝土同品种的新鲜水泥，选用质地坚硬，经过 2.5mm 孔径筛筛过的砂，砂的细度模数控制在 1.8～2.3，水胶比 0.3～0.4，灰砂比应为 1:2～1:2.6，另可加入适量减水剂。

材料称量后加适量的水拌和，合适的加水量拌出的砂浆，以手握成团，手上有湿痕而无水膜。砂浆拌匀后用塑料布遮盖存放 0.5～1h，然后分层铺料捣实，每层捣实厚度不超过 4cm 为宜。捣实可用硬木棒或锤头进行，每层捣实到表面出现少量浆液为度，顶层用拌刀反复抹压至平整光滑，最后覆盖养护 6～8d。

修补后砂浆强度达 5MPa 以上时（施工时抽样成型决定强度），用小锤敲击表面，声音清脆者合格，声音发哑者凿除重修。

（2）环氧砂浆。过流面的修补使用环氧砂浆。环氧砂浆也可用于修补监理人要求的其他混凝土部位。只有当气温和混凝土表面温度均在 5℃ 以上时才使用环氧砂浆。

修补部位混凝土表面清洁、干燥，在涂刷环氧砂浆前先刷一薄层环氧基液，用手触摸有显著的拉丝现象时（约 30min）再填补环氧砂浆。当修补厚度大于 2cm 时，分层涂抹，每层厚度为 1.0～1.5cm，表面平整度和环氧砂浆容许偏差符合施工图纸要求。环氧砂浆拌和设计使最终凝固时间在 2～4h之间。

养护期 5～7d，养护温度控制在 20℃ 左右，养护期内不受水浸泡和外力冲击。

（3）回填混凝土。较大缺陷部位经监理人批准采用回填修补，回填修补与被修补的混凝土用相同的材料和配比。修补时使用新模板支托，以保证修补后表面平整度满足技术条款要求，修补后在一周内连续保持潮湿养护，温度应不低于 10℃。

（4）其他修补要求。

1）外观要求的永久暴露面的直径或深度超过 10mm 表面凹痕、气孔等和有过流（非高速水流区）要求的混凝土表面凹痕、气孔等直径超过 5mm 的须单独处理，修补前先切除凹痕表面薄浆鳍状物直到露出坚固的混凝土，然后采用预缩砂浆或环氧砂浆填实，当凹痕和麻面里的砂浆或环氧砂浆仍处在塑性的时候擦平表面。

2）对于有美观要求的混凝土修补，在水泥里混入一定比例的白水泥使修补后混凝土的颜色与周围混凝土相协调。当充填的砂浆凝结后，擦掉表面多余的砂浆。填料与周围混凝土齐平，在表面上不留材料和粉粒。用于修补的水泥与被修补的混凝土用水泥来源于同一厂家，并且型号相同。

3）外露钢筋头、管件头全部切除至混凝土表面以下 20～30mm，并采用预缩砂浆或环氧砂浆填补。

（八）冬季施工保温措施

混凝土冬季施工措施遵守《水工混凝土施工规范》（DL/T 5144—2001）关于低温季节混凝土施工的规定。根据混凝土施工规范，在日均气温小于 5℃时，按照低温季节混凝土施工实施。

在低温天气浇筑混凝土时，采取保护措施，以防止混凝土强度和耐久性降低，并通过采取保温措施，严防因内外温差过大，产生表面裂缝。

1．合理安排施工进度

留出一定的混凝土浇筑缓冲时间，尽量不安排在极端气温条件下进行混凝土浇筑。

2. 改进混凝土施工环境

低温季节要求同一仓号混凝土浇筑采取连续浇筑，分层浇筑的混凝土之间间歇时间不多于 5d。混凝土按 3m 左右进行分层，以减少混凝土的散热面，对已浇筑混凝土面覆盖彩涤聚乙烯隔热板保温材料，防止已浇筑混凝土表面受气温影响，出现内外温差过大而造成裂缝；对混凝土运输车辆进行保温处理，充分利用车辆自身底部排放的废气保温。加快运、吊、平仓及振捣混凝土的速度，减少混凝土暴露时间。浇筑尽量安排在 9：00—18：00 进行，避免每天在较低温时段浇筑。

3. 加强天气预报和浇筑温度测量

会同当地气象部门，做好寒潮及气温骤降的监测与预报，在寒潮及气温骤降冲击下，日平均气温在 2～4d 连续下降 6～9℃，致使混凝土表面温度急剧下降时，在结构孔洞洞口挂棉布帘保温阻挡寒潮。混凝土施工过程中，加强混凝土出机口温度或入仓温度监测，并做好记录。每周将混凝土浇筑温度和内部温度的测量结果报送监理工程师。

4. 保温施工

（1）按保温标准选择保温材料类型和厚度，主要选用泡沫卷材，侧面和平面覆盖的保温被厚采用 1.2～1.8cm，孔口封堵保温被厚采用 2.3cm，要求更高时采用双层。

（2）平面保温被在表面上压砖块或方木进行固定。对于外流水影响的浇筑层面，采用堵、排措施，防止仓面积水并采用不吸水保温材料。立面保温采用泡沫卷材上压 3～5cm 的木条，排距 1.5～2m。用射钉枪钉在混凝土面或利用大模板定位锥孔点焊钢筋头固定保温被。所有的孔洞用保温被封堵，进出孔口采用挂帘。在浇筑的仓号，边浇边覆盖保温被。

（3）加强现场管理，注意天气预报。接到寒潮来临预报后，及时组织人员检查各部位的保温被覆盖情况，对不符合要求的立即纠正。

（4）当寒潮或气温低于 0℃时，推迟拆模时间，否则及时给予保温，混凝土暴露时间不超过 8h。

（5）覆盖保温被的部位，混凝土养护改为洒水养护，始终保持混凝土表面湿润。

第三节　实际施工方案与施工方法的优点与缺点分析

闸墩、溢流面常态混凝土施工中，由于受现场施工条件及结构的制约，原方案的大型垂直吊装设备不具备安装条件，经论证后采用中、小型吊装设备吊运模板、材料，混凝土采用皮带机系统运输入仓，确保了工程的施工进度、施工质量。

一、垂直吊运设备布置方面

原方案在溢流坝段左右分别布置1台M900塔机，由于溢流坝段坝体碾压混凝土施工完后成一"孤岛"，不具备大型设备安装吊运条件，根据现场实际条件，在前期用100t履带吊将DMQ540门机及40t汽车吊吊至碾压混凝土337m高程，汽车吊负责安装DMQ540门机，DMQ540门机承担低高程的材料、模板吊运，并安装右侧C7050B塔机，左侧溢流坝碾压混凝土到设计高程后，利用DMQ540门机将40t汽车吊吊至碾压混凝土337m高程，安装左侧C7050B塔机。为补充材料、模板吊运需要，后增设2台建筑塔机。垂直吊运设备由大型设备调整为多台中小型设备后，其优点是：能够满足现场安拆条件、能够满足钢筋模板的吊运要求、投资少、施工时灵活性好；其缺点是：由于吊装吨位小，若用于浇筑混凝土入仓吊运，效率低。

二、模板选择方面

（1）墩体混凝土浇筑主要采用2层3m×3m翻转模板，其优点为：模板安装过程中定位、加固简单，施工速度快，模板对接准确，外观质量好；缺点为：模板用量翻倍，投资大。

（2）墩头采用了3层1.6m高的定型钢模板，其优点是：模板施工速度快，接缝、外观质量好；缺点是：模板需定做，一次性投入，投资大。

（3）溢流面原方案采用滑模施工，由于受闸墩宽尾结构限制，后改为常规模板分仓施工浇筑。优点是施工简单、易于操作，不足的是结构体型难以控制。

三、混凝土入仓方面

原方案闸墩及溢流面混凝土主要采用布置在溢流坝段左右侧的2台M900塔机吊卧罐入仓。实际施工中要根据现场布置条件布置的门、塔机主要用于钢筋、模板等材料的吊运、吊装，难以满足混凝土的吊运入仓，经论证，前期在碾压混凝土面337m高程以下部分采用皮带机、布料机入仓，337～371m高程主要分二期布置滑动式皮带机系统解决混凝土的入仓。其优点是：布置灵活、入仓强度高、能够全覆盖。其缺点是：现场要具有安拆吊装设备、运输过程中有洒料漏料情况、运行维护要求高。

四、主要设计变更方面

混凝土原材料水泥原设计为使用普通硅酸盐水泥，后设计调整为中热水泥。

第四节　经　验　及　体　会

闸墩、溢流面结构复杂、体形要求高，加上现场施工设备布置困难，经多方论证，采取了一些新型的措施，解决了施工难题，主要有以下几方面的经验及体会。

（1）垂直吊运设备应根据现场实际施工条件进行选型和布置，充分论证设备的安装、拆除条件以及其覆盖范围。

（2）混凝土运输及入仓采用皮带机入仓系统，门、塔机仅作为辅助措施，使其主要用于吊运模板、材料，实现备仓浇筑循环作业，提高了施工效率，加快施工进度。

（3）溢流面混凝土施工在有条件的情况下，尽可能采用滑模施工或翻模施工，以有利于结构体形控制，减少仓号层间处理。

（4）大倾角皮带机首次应用于运输常态混凝土，原设计的大倾角皮带机是用于运输碾压混凝土，运输常态混凝土时砂浆损失比碾压混凝土大，经调整自行设计的拍打装置的振幅及频率，并将砂浆回收返回至下料口，有效减少了砂浆损失，确保了混凝土的质量。

（5）混凝土入仓首次采用滑动皮带机，实现仓号内全覆盖布料。在闸墩上方布置一条桁架轨道，贯通整个溢流坝 8 个闸墩，在桁架轨道上布置一条滑动皮带机，可正反转，将混凝土运输至每个闸墩，在闸墩仓号上布置桁架轨道及滑动式皮带机，可正反转，实现仓号内全覆盖布料，解决了以往皮带机系统入仓下料只是一个点的难题。

第六章　预留导流缺口封堵混凝土工程

第一节　预留导流缺口封堵混凝土施工概况

一、工程简述

沙沱电站预留导流缺口坝段为 13 号坝段（通航坝段）。13 号坝段坝体分左、右坝段，左坝段宽度为 23.0m，坝顶设计高程 371.0m。右坝段宽度为 25.5m，坝顶设计高程 376.6m。13 号坝段过流底板高程为 297.0m，剩余混凝土工程量为 162331m³，其中：碾压混凝土 155368m³，常态混凝土 6963m³。钢筋制安量为 461.7t。

13 号坝段 328.0m 高程布置一层交通廊道，其中纵向廊道一条，横向廊道一条。右坝段布置通航过坝渠道，宽度为 12.0m，底板高程 350.5m 高程；左侧为宽 3m 的左边墙，坝纵 0+033.000m 桩号上游侧混凝土与 13 号左坝段同时施工，坝纵 0+033.000m 桩号下游侧混凝土在 13 号坝段主体混凝土浇筑完成后施工；右侧为宽 10.5m 的右边墙。过坝渠道左边墙内侧 353.5～367.0m 高程布置 3 排系船柱。左坝段布置检修门库，门库底板高程 353.0m，共设 4 个检修门库，整体尺寸为 34m×20.4m。上闸首检修门布置在过坝渠道航 0+015.000m。2 个浮堤轨道槽布置在上游面 350.5～371.0m 高程，右侧门槽向上延伸至 376.6m。

二、工期情况

2012 年 9 月 27 日 13 号坝段开始备仓；2012 年 10 月 20 日备仓完成；2012 年 10 月 26 日开仓浇筑；2013 年 3 月 25 日，13 号坝段混凝土浇筑达到下闸蓄水形象面貌 370.0m 高程；后期作为调节仓号进行施工，2013 年 7 月 15 日右坝段浇筑至 376.5m 高程（剩余 10cm 铺装层达到设计高程）；左边墙下游段与通航本体段一起浇筑，2014 年 9 月 25 日浇筑至 376.6m 高程（设计高程）。

三、施工特点、重点及难点

13 号预留缺口坝段是本工程下闸蓄水前的关键施工项目之一，其工程量大，结构复杂（布置有过坝渠道、检修闸门门库、过坝渠道上闸首等结构），共 15.8 万 m³ 碾压混凝土，0.4 万 m³ 常态混凝土，工期紧张，最高月施工强度达 4.77 万 m^3/月，只有一个仓号，且需连续浇筑，各工序之间的衔接及碾压混凝土的质量控制是难点。

13 号坝段左侧 12 号坝段顶高程 371.0m，右侧 14 号坝段顶高程 370.0m，过流底板高程 297.0m，受交通等条件限制，从两侧溜管入仓难以满足碾压混凝土施工强度要求，且不利于质量控制，因此选择在坝前修筑施工道路利用自卸车直接入仓的方式进行浇筑，道路的布置及填筑是能否确保碾压混凝土施工进度的重点。

第二节　预留导流缺口封堵混凝土具体施工方案及方法

一、施工布置

（一）混凝土生产系统

左岸混凝土生产系统位于左岸坝轴线下游 800m，拌和楼设置在高程 360m、365m 平台。系统配置有一座 $2\times4m^3$ 强制式拌和楼和一座 $2\times6m^3$ 强制式拌和楼。$2\times4m^3$ 强制式混凝土拌和楼铭牌生产能力为：常态及碾压混凝土 280m^3/h（三级配或四级配）；预冷混凝土 120m^3/h（三级配或四级配）。$2\times6m^3$ 强制式混凝土拌和楼铭牌生产能力为：常态及碾压混凝土 360m^3/h（四级配）；预冷混凝土 230m^3/h（三级配碾压混凝土或四级配常态混凝土）。混凝土骨料采用左岸砂石加工系统生产的骨料，经胶带机运输至左岸混凝土生产系统，13 号坝段施工期间，以 $2\times6m^3$ 拌和楼生产为主，$2\times4m^3$ 拌和楼为辅。拌和楼混凝土出料采用自卸汽车和 9m^3 混凝土搅拌车运输。

（二）施工道路布置、入仓系统及混凝土运输线路

（1）297～310m 高程。入仓道路 R1 道路：以坝纵 0－067.600m 桩号为起点，采用石渣及 C15 四级配碾压混凝土填筑至坝纵 0－001.950m 桩号，道路与原有路基垂直高度为 15m，道路坡度为 22%。道路成台阶状满足 297～310m 高程各阶段的混凝土施工，各道路施工与仓面施工同时进行，不影响仓面施工。

混凝土运输线路：左岸混凝土生产系统→3 号道路→1 号索桥→4 号公路→6 号公路→6 号交通洞→R1 道路，自卸车直接入仓。

（2）310～325m 高程。入仓道路 R2 道路：R2 道路布置在 4 号公路末端，道路起点为坝纵 0－168.000m 桩号，终点为坝纵 0－023.630m 桩号，道路坡度为 0～13%。道路终点与大坝坝体上游面之间浇筑混凝土平台，高程为 325m。

入仓道路 310～325m 高程混凝土采用大溜槽入仓。混凝土运输线路：左岸混凝土生产系统→3 号道路→1 号索桥→4 号公路→R2 道路→325m 高程施工平台，大溜槽转自卸车入仓。

（3）325～335m 高程。入仓道路 R2 道路加高：在入仓道路下游端头，坝横 0＋487.5m～坝横 0＋504.5m，坝纵 0－000.000m～坝纵 0－010.000m 桩号范围内，立模浇筑 C20 二级配碾压混凝土（不便碾压处浇筑 C20 二级配变态混凝土）形成入仓道路施工平台并随坝体上升。坝横 0＋487.5m～坝横 0＋504.5m，坝纵 0－010.000m～坝纵 0－076.280m 桩号范围内，回填石渣加高 R2 道路形成入仓道路。入仓道路分两条交替上升，道路每层高度为 1.5m，在入仓道路上铺筑 30cm 厚的 C15 三级配碾压混凝土进行硬化。

混凝土运输线路：左岸混凝土生产系统→3 号道路→1 号索桥→4 号公路→R2 加高道路，自卸车直接入仓。

（4）335～350m 高程。入仓道路 R3 道路：坝横 0＋535.5m～坝横 0＋545.5m，坝纵 0－000.000m～坝纵 0－135.000m 桩号范围，325.0～350m 高程，采用石渣填筑一条入仓道路，路面上铺设级配碎石，对运输车辆进行脱水。

混凝土运输线路：左岸混凝土生产系统→3 号道路→1 号索桥→4 号公路→R3 道路，自卸车直接入仓。

（5）过坝渠道左侧 350～370m 高程。入仓道路：将 340～371m“之”字施工道路坝前 350.0m 高程回转平台扩大并采用石渣进行回填，回填后铺筑 30cm 厚 C15 四级配碾压混凝土进行路面硬化。

混凝土运输线路 1：左岸混凝土生产系统→3 号道路→1 号索桥→4 号公路→右岸坝肩 340～371m 高程施工道路→16 号坝段→14 号坝段坝顶皮带机受料口（中心点桩号坝横 0＋498.000m、坝纵 0＋005.000m），经皮带机系统垂直下降，仓内自卸车转料。

线路 2：溢流坝段坝顶预制交通桥具备通行条件后，混凝土入仓道路：左岸混凝土生产系统→3 号路→1 号公路→左岸挡水坝段→溢流坝段交通桥→浇筑混凝土入仓道路→8 号闸墩右侧受料斗（中心点桩号为坝横 0＋450.5m、坝纵 0＋007.425m），经溜槽系统和皮溜筒系统下料，仓内自卸车转料。

（6）过坝渠道右侧 350～370m 高程。入仓道路：340～371m“之”字形施工道路。

混凝土运输线路：左岸混凝土生产系统→3 号道路→1 号索桥→4 号公路→右岸坝肩 340～371m 高程施工道路→16 号坝段→14 号坝段坝顶左侧受料斗（上游中心点桩号坝横 0＋496.000m、坝纵 0＋005.500m 和下游中心点桩号坝横

0+496.000m、坝纵 0+009.450m），经溜槽系统下料，仓内自卸车转料。

（7）通航过坝渠道右侧 370～375.6m 高程混凝土与 14～16 号坝段 370m 高程以上碾压混凝土同时浇筑，施工道路布置：左岸混凝土生产系统→3 号道路→1 号索桥→4 号公路→右岸坝肩 340～371m 高程施工道路→右岸挡水坝段坝顶→浇筑部位，自卸车直接入仓。

（8）通航过坝渠道右侧坝顶常态混凝土（1m 厚）浇筑施工道路布置：左岸混凝土生产系统→3 号道路→1 号索桥→4 号公路→右岸坝肩 340～371m 高程施工道路→右岸坝顶→施工部位，自卸车卸料，反铲配合入仓。

（9）通航过坝渠道左侧坝顶常态混凝土（1m 厚）浇筑施工道路布置：左岸混凝土生产系统→3 号道路→1 号公路→左岸坝顶→溢流坝段交通桥→浇筑部位，自卸车卸料，反铲配合入仓。

（三）制浆站

13 号坝段变态混凝土用浆，由集中制浆站生产，在 16 号坝段坝前 372m 高程平台布置制浆站，通过输浆管，将水泥浆输送至仓内。

（四）制冷系统

本工程采用固定式冷却机组的方式制冷，在 16 号坝段坝前 372m 高程平台布置了制冷系统。

二、混凝土分区分层

（一）混凝土分区

根据坝体结构、入仓方式及其相应的碾压混凝土施工强度等多种因素综合考虑，过坝渠道高程 350.5m 以下碾压混凝土为 1 个碾压区，高程 350.5m 以上 2 个碾压区；过坝渠道左侧为 1 个碾压区，右侧为 1 个碾压区。

（二）混凝土分层

碾压混凝土按阶段连续上升，根据廊道、拐点等结构位置和入仓方式分层，第 1 碾压区分为 6 层，分别为高程 297～310m、高程 310～325m、高程 325～328m、高程 328～331m、高程 331～343m、高程 343～350m；第 2 碾压区高程 350～370m 按 3m 分层；第 3 碾压区分为 2 层高程 350～370m、高程 370～376.6m。

三、混凝土入仓

（一）297～310m 高程混凝土入仓

297～310m 高程混凝土 35920m³。主要采用自卸车直接入仓，14 号坝段左横缝面布置 1 套满管系统、仓内自卸汽车转料入仓为辅助入仓方式。

1. 入仓道路填筑（R1 道路）

297～310m 高程混凝土利用 R1 施工道路直接入仓。道路填筑主要用石碴料及 C15 四级配碾压混凝土，临江面及坝体上游侧混凝土道路进行立模填筑，并随坝体仓面的上升分时段填筑加高，并用钢栈桥跨防渗区。

2. 混凝土入仓强度分析

碾压混凝土利用汽车直接入仓。采用平层铺筑，碾压混凝土最大仓面面积为 2863.0m²，碾压层厚 30cm，按 6h 覆盖，需最大强度为 143m³/h。从混凝土生产系统至仓面汽车最远运距为 1.81km，坝区自卸汽车速度取 15km/h，汽车在拌和楼等料时间取 6min，仓内倒料、错车时间取 8min，综合考虑上述因素，自卸汽车每小时可运料 2.8 车，每车装料 9m³，其生产强度为 25.2m³/h，共需 20t 自卸汽车 143÷25.2＝5.6（台），考虑到维修和备用，共需配备 10 台 20t 自卸汽车，满足混凝土入仓强度要求。

（二）310～325m 高程混凝土入仓

310～325m 高程混凝土量 36930m³，采用坝前 325m 混凝土平台接大溜槽入仓、仓内自卸汽车转料。

1. 入仓道路施工（R2 道路）

310～325m 高程混凝土利用 R2 入仓道路至坝前 325m 混凝土平台。13 号坝段坝前 295～325.0m 高程，坝横 0＋487.5m～0＋497.5m 桩号、坝纵 0＋000.000m～0－030.0m 桩号范围先浇筑混凝土，与坝前边坡相接形成 325m 高程平台，在平台上架设大溜槽接料入仓。

2. 混凝土入仓强度分析

碾压混凝土采用平层铺筑，碾压混凝土最大仓面面积为 2511.0m³，碾压层厚 30cm，按 6h 覆盖，需最大强度为 126m³/h。仓外自卸汽车每小时可运料 2.6 车，每车装料 9m³，其生产强度为 23.4m³/h，共需 20t 自卸汽车 126÷23.4＝5.4（台），考虑到维修和备用，共需配备 10 台 20t 自卸汽车，仓内配备 2 台自卸汽车满足混凝土入仓强度要求。

（三）325～335m 高程混凝土入仓

325～335m 高程混凝土量 16753m³，325～328m 高程混凝土量采用自卸车直接入仓，收仓后进行备仓，同时进行预制廊道的运输及吊装。328～331m 高程仓面布置的一条横向和纵向交通廊道，横向交通廊道靠 12 号坝段间距仅为 1.5m，纵向交通廊道距上游面仅为 5.0m，两个部位的碾压混凝土采用机拌变态混凝土施工，在纵向交通廊靠 14 号坝段侧先浇筑一入仓斜坡道跨过廊道顶至仓面，以满足仓面碾压混凝土的施工。

1. 入仓道路施工（R2 道路）

利用坝前混凝土平台、外侧浇筑一挡墙后填筑道路直接入仓，在平台外侧布置 $\phi32$ 的插筋（$\phi32$，$L＝4m$、外露 2m、@1×1m），采用 C20 二级配常态混凝土浇筑底宽 3m，顶宽 2m，高 18m 的混凝土挡墙。挡墙内侧回填石渣形成入仓道路，坝前入仓口用坝体上游面防渗区同级配的混凝土形成，与坝体混凝土同时上升。

2. 混凝土入仓强度分析

碾压混凝土利用汽车直接入仓。采用平层铺筑，碾压混凝土最大仓面面积为 2278.0m²，碾压层厚 30cm，按 6h 覆盖，需最大强度为 114m³/h。综合考虑运输入仓因素，自卸汽车每小时可运料 2 车，每车装料 9m³，其生产强度为 18m³/h，共需 20t 自卸汽车 114÷18＝7（台），考虑到维修和备用，共需配备 10 台 20t 自卸汽车，满足混凝土入仓强度要求。

（四）335～350m 高程混凝土入仓

（1）入仓方式。335～350m 高程混凝土量 21479m³，采用自卸车直接入仓。

利用坝前混凝土平台、外侧浇筑加高挡墙至 350m 高程后填筑道路直接入仓，挡墙内侧回填石渣，坝前入仓口用坝体上游面防渗区同级配的混凝土形成，与坝体混凝土同时上升。

（2）混凝土入仓强度分析。碾压混凝土利用汽车直接入仓。采用平层铺筑，碾压混凝土最大仓面面积为 2278.0m²，碾压层厚 30cm，按 6h 覆盖，需最大强度为 114m²/h。综合考虑，1 台自卸汽车每小时可运料 2.6 车，每车装料 9m²，其生产强度为 23.4m³/h，共需 20t 自卸汽车 114÷23.4＝8（台），考虑到维修和备用，共需配备 10 台 20t 自卸汽车，满足混凝土入仓强度要求。

（五）通航过坝渠道右侧 350～370m 高程混凝土入仓

通航过坝渠道右侧 350～370m 高程混凝土量 16396m³，采用 1 套溜槽系统入仓，距下料口近的部位直接入仓，远的由反铲布料自卸汽车仓内转料。

溜槽系统输送强度为 220～250m³/h。碾压混凝土施工采用平铺铺筑，最大仓面面积为 1530m²，碾压层厚 50cm，按 6h 覆盖，入仓强度 128m³/h，溜槽系统输送强度能满足施工要求。

（六）通航过坝渠道左侧 350～370.0m 高程混凝土入仓

通航过坝渠道左侧 350～370.0m 高程混凝土（12603m³）浇筑采用皮带机（跨通航渠道）入仓、溜槽系统和皮溜管入仓，自卸汽车仓内转料；

1. 皮带机系统施工布置

皮带机系统利用 14 号坝段左侧集料斗进料，皮带机进料口设 367.0m 高程，中心点桩号为坝横 0＋500.000m，坝纵 0＋005.000m；皮带机出料口开始设在仓号上方 367.0m 高程，浇筑至 364m 高程后逐渐提升至 371.0m 高程，倾角最大为 9°，中心点桩号为坝横 0＋473.500m，坝纵 0＋005.000m；四管柱支撑分别设在过坝渠道右侧 353m 高程施工仓面和过坝渠道左侧 350.5m 高程施工仓面，柱顶高程分别为 367.0m 和 367.0～371.0m，中心点桩号分别为坝横 0＋496.750m，坝纵 0＋006.500m、坝横 0＋473.500m，坝纵 0＋006.500m。

2. 四管柱支撑施工

（1）四管柱支撑加工。四管柱支撑在模板厂进行加工。四管柱竖向钢管材料选用 $\phi159$（$\delta＝7mm$）钢管，间距左右侧 3.5m，上下游间距 1m；水平钢管材料选用 $\phi100$（$\delta＝4mm$），左右侧间距 2.0m，上下游侧间距 1.0m。钢管之间焊接，焊缝必须饱满，无假焊，无气泡，无漏焊。

（2）四管柱支撑运输和安装。四管柱支撑加工完成后用 16t 汽车吊从模板厂装车，用 20t 平板车运输至安装工作面。四管柱支撑用 16t 汽车吊进行卸车并进行安装，将四管柱支撑竖直焊接在混凝土基础预埋插筋上。四管柱支撑安装完成后，用混凝土将四管柱底部浇筑基础固定。

（3）皮带机施工。皮带机长 26.5m，$B＝1000mm$，带速 2.5m/s，小时输送强度 150～180m³。

1）皮带机加工。皮带机在模板厂进行加工。皮带机材料选用∠70×6 和∠50×5 角钢，走道用菱形钢板网焊接在皮带机桁架上。角钢之间焊接，焊缝必须饱满，无假焊，无气泡，无漏焊。

2）皮带机运输和安装。皮带机加工完成后用 16t 汽车吊从模板厂装车，用 20t 平板车运输安装工作面，用 16t 汽车吊进行卸车并进行安装。

（4）8 号闸墩交通桥头溜槽入仓系统。在 8 号闸墩交通桥头顶部设一个溜槽，采用锚杆、槽钢及混凝土将料斗固定。

（5）满管强度分析。满管系统输送强度为 220～250m³/h。碾压混凝土采用平铺法施工，其中最大平铺仓面面积为 760m²，碾压层厚 30cm，按 6h 覆盖，最小强度不小于 38m³/h。采用皮带机系统入仓和 8 号闸墩满管入仓系统都能满足强度要求。

（6）皮溜桶入仓系统。在 8 号闸墩交通桥头顶部下游侧设一个皮溜筒，采用锚杆、槽钢及混凝土将料斗固定，主要浇筑门库左侧常态混凝土，混凝土用罐车运输。

（七）过坝渠道右侧 370～375.6m 高程混凝土入仓

通航过坝渠道右侧 370～375.6m 高程碾压混凝土（3506m³）与 14～16 号坝段 370m 高程以上碾压混凝土同时浇筑，自卸车直接入仓。施工道路为右岸 340～371m 高程"之"字形道路。

（八）坝顶常态混凝土

坝顶常态混凝土（1m 厚，1374m³）浇筑采用自卸车卸料，反铲配合入仓。自卸车将常态混凝土从施工道路运输至坝顶，倾卸至坝顶集料斗中，用反铲将混凝土布设在浇筑部位。

四、碾压混凝土施工

（一）13 号坝段 297.0m 高程老混凝土面处理

13 号坝段 297.0m 高程以下混凝土于 2009 年 3 月底浇筑，经 2009 年、2010 年、2011 年、2012 年 4 个汛期过流，按相关规范要求，作基础面处理。

（1）297m 高程面总面积为 2866m²，全部进行人工凿毛，凿毛后对混凝土面进行冲洗。

（2）将坝前原预留通航流量孔基础部位清除覆盖石渣后，将老混凝土面进行凿毛处理，上游面及侧面铺设膨胀止水条（BW 型），最后用 C20 三级配常态混凝土进行回填。

（3）过流期间损坏的铜止水和橡胶止水进行修复，上下游面距边线 50cm 处各设一道 BW 型膨胀止水条，与结构缝止水连接。

（4）将混凝土表面裂隙凿 20cm×20cm 凹槽，用 M20 预缩水泥砂浆回填，并在裂缝表面铺设一层并缝钢筋，主筋为 Φ25@20，分布筋为 Φ16@30，钢筋网周边浇筑 C20 二级配变态混凝土。

（二）仓面准备

用高压冲毛枪将老混凝土面冲洗干净，人工清除石碴和积水，仓号浇筑时，在混凝土面上先均匀铺设 2～3cm 的水泥砂浆；面积不宜过大，以浇筑强度能满足 20min 内被混凝土覆盖为宜，以保证所浇混凝土面能良好结合。对老混凝土层面，面积较大的仓号使用冲毛机冲毛，面积较小的仓号或钢筋较密集部位及边角部位采用人工手钎或风镐凿毛，人工清理。在混凝土浇筑之前，用干净水将缝面冲洗干净，并让其呈饱和面干状态，并对于仓面上的积水排除干净。

（三）止水系统施工

止水铜片至迎水面部位的横缝采用预埋沥青板成缝，沥青板采用钢筋三脚架固定，随着混凝土面上升预埋沥青板也跟随上升。

止水铜片在混凝土浇筑前先在预定位置上架设一定高度，然后随混凝土的上升而上升。止水铜片四周采用变态混凝土施工，为确保混凝土浇筑振捣质量，对止水片周围混凝土料中的大骨料进行剔除，混凝土浇筑时派专人负责看守止水铜片，以确保止水铜片的位置准确，止水铜片周边的混凝土振捣密实，结合良好。

在上游水平面设置一道爬山虎止水，与两侧铜止水连接。

（四）坝体排水孔的施工

坝体排水孔采用盲材形成，盲材随着碾压混凝土逐仓进行埋设或加高。

（五）卸料与平仓

（1）卸料平仓方向与坝轴线平行。汽车在仓面的卸料位置由仓面现场指挥持旗指定，司机必须服从指挥，卸料方法采用二次卸料在平仓条带上。汽车在碾压混凝土仓面行驶时，平稳缓行，避免急刹车、急转弯等有损混凝土质量的操作。

（2）必须严格控制靠模板条带的卸料与平仓作业，卸料堆边缘与模板距离应大于 0.3m。卸料平仓时严格控制二级配混凝土和三级配混凝土的分界线，其误差不超过 1m。

（六）碾压

（1）振动碾作业程序根据工艺试验确定。

（2）振动碾作业的行走速度控制在 1.0～1.5km/h 范围内。碾压方向平行于坝轴线，只有在碾压混凝土与垫层混凝土（变态混凝土）结合处补充碾压或局部处理时才能改变方向。

（3）碾压作业要求碾压条带清楚，行走偏误差应控制在 10cm 范围内，相邻碾压条带必须重叠 15～20cm。同一条带分段碾压时，其接头部位 1～2m 范围内进行重叠碾压。两条碾压带间因碾压作业形成的高差，一般采取无振慢速碾压 1～2 遍。

（4）碾压混凝土从拌和至碾压完毕，应在 6h 内完成，不允许入仓或平仓后的碾压混凝土拌和物长时间暴露，避免 VC 值的损失。碾压混凝土的层间允许间隔时间必须控制在混凝土的初凝时间以内。

（5）碾压作业后的碾压层，要求有微浆出露，振动碾滚轮前后略呈弹性起伏，试验和施工人员根据现场碾压作业后的实际情况和对 VC 值的实测值，及时通知拌和楼调整其 VC 值，由试验值班人员通知拌和楼试验质控室进行调整。

（6）采用振动碾靠近模板作业时，应及时清理靠模板一线凸出的砂浆或残余混凝土，使混凝土水平面与模板接触密实，振动碾距模板的距离控制在 2～3cm 范围（指横缝）。模板阴角、混凝土预制块结合部、有钢筋的部位等小碾无法碾压作业时，采用变态混凝土作业。

（7）碾压作业完成后，试验人员采用核子密度仪检测压实容重，核子密度仪的操作使用严格按规范要求进行。压实容重应大于或等于设计值，当低于设计要求指标时，应及时通知现场指挥补碾。补碾后仍达不到要求的部位，经监理工程师批准后采取相应的措施进行处理。

（七）异种混凝土结合

（1）每层碾压混凝土完成后，同层的变态混凝土也随同振捣完成。

（2）在碾压和平仓设备无法作业的部位，浇筑常态混凝土。振捣时从外依次向内，常态混凝土的顶面与碾压混凝土面平齐，并将结合部位碾压密实。

（3）为了防止外来水或雨水进入碾压混凝土仓面，周边部位的变态混凝土或常态混凝土顶面低于碾压混凝土顶面 5cm 左右。

（八）水泥粉煤灰净浆的铺设

（1）在大坝迎水面各碾压混凝土层间铺设宽 3～8m（按设计要求），厚 2mm 的水泥灰浆。水泥灰浆按试验室签发的配料单配制，要求配料计量准确，搅拌均匀，试验室并对配制浆液的质量进行检查。

（2）水泥灰浆铺设全过程应由现场总指挥统一安排。洒铺水泥灰浆时，应做到洒铺区内干净、无积水。洒铺的水泥浆体不宜过早，应在该条带卸料之前分段进行，不允许洒铺水泥浆后，长时间未覆盖混凝土。

（3）水泥浆铺设均匀、不漏铺，沿上游模板一线适当的铺厚一些，以增强层间结合的效果。

（九）常态混凝土施工

常态浇筑混凝土时采用台阶法铺料，台阶高度 50cm 左右，台阶长度 1.5～2m。全部采用人工平仓振捣，每个仓号配备 6～8 台 $\phi100～\phi130$ 手持插入式振捣棒，浇筑钢筋网较密集处时，辅以软轴棒及 $\phi50$ 振捣棒振捣，严防漏振。振捣时间以混凝土不再显著下沉、不出现气泡并开始泛浆时为准。振捣器距模板的距离不小于振捣器有效半径的 $1/2$，不得触动钢筋及预埋件。混凝土浇筑时保证仓面表面潮湿，避免积水。

五、温控措施

（一）混凝土浇筑过程温度控制措施

13 号坝段主要在低温季节施工，入仓温度低，但此时部分混凝土未达到设计龄期，抗拉强度较低，混凝土内部温度较高，下闸蓄水后库水温较低而产生过大的"冷击"作用，需采取温控措施控制坝体内部最高温度，降低内、外温差。根据设计要求，坝体上游面 335m 高程以下内、外温差按 15℃ 控制，以上及下游面按 20℃ 控制。为降低内、外温差，通过在坝体埋设冷却水管通水冷却，降低坝体内的最高温度，以满足蓄水后的温差梯度要求。同时在施工过程中进行仓面的喷雾及保湿养护工作。

（二）冷却水管布置及通水冷却

（1）297～335m 高程混凝土冷却水管按水平间距 1.5m，垂直距 1.5m 布设，上下层按梅花形布置。

（2）335m 高程以上混凝土冷却水管按水平间距 3.0m，垂直距 3.0m 布设，上下层按梅花形布置。

（3）同一层冷却水管分三个区进行布设，靠上游、下游面 10m 范围分别为Ⅰ区、Ⅲ区，中间部位为Ⅱ区。

（4）通水冷却，各时段的通水参数（水温、流量、方面）根据当时的气温、坝体温度监测等资料进行动态控制，在确保坝体混凝土内外温差不超过允许温度值的条件下逐步散热降温，同时加强对上游面、坝体中部的通水力度，以满足下闸蓄水后的库水低温对坝体温度的要求。

六、特殊气候条件的施工

（一）雨天施工

降雨会造成碾压混凝土含水量的增大，降低层面强度，加剧混凝土的不均匀性，同时造成层面灰浆流失，形成松散软弱层面，处理不当，会成为质量隐患。在效率上，降雨天气使仓面复杂程度加剧，机械效率降低。特别是超标准降雨往往带有突发性和间歇性，使混凝土施工难以连续进行。碾压混凝土发挥效率的前提是持续均衡的施工，降雨天气破坏了施工的连续性和均衡性，增加了工作的难度，施工效率无法正常发挥。

由于乌江流域雨天较多，突发性强，因此雨天施工措施是保证混凝土施工进度的重要措施。在施工过程中主要采取以下措施。

1. 碾压混凝土浇筑前的准备

混凝土浇筑前组建 30 人的施工覆盖、排水专业队伍，施工现场准备 6000m² 彩条布和 10 台 2.2kW 水泵。其中彩条布采用自制滚筒结构，能在极短时间内迅速展开 120m² 以上彩条布并进行遮盖。

2. 防雨准备措施

（1）加强气象预报工作，及时了解雨情以妥善安排施工进度。

（2）开仓前必须配备防雨布、水管、海绵等材料，作为检查是否具备开仓条件的一项重要检查内容。

（3）降雨强度小于 3mm/h 时，采取提高混凝土出机口 VC 值和在运输汽车车厢上搭防雨篷等措施，同时组织做好雨量加大后的停仓准备工作；降雨强度大于等于 3mm/h 时，要求立即停止拌和，并迅速完成尚未进行的卸料、摊铺和碾压作业，并采取防雨保护和排水措施；雨停后恢复浇筑前，要求将仓内积水排除彻底，并根据不同的间歇时间采取直接铺料、洒净浆或铺砂浆等措施。

（4）做好防雨材料准备工作，防雨材料应与仓面面积相当，并备放在现场。雨天施工应加强降雨观测工作，降雨量观测由专职质检员负责，当降雨强度接近 3mm/h 时，每隔 60min 向指挥部和仓面指挥长报告一次观测结果。

（5）当小时降雨量大于 3mm 时，不开仓浇筑，或浇筑过程中遇到超过 3mm/h 降雨强度时，停止拌和，并尽快将已入仓的混凝土摊铺碾压完毕或覆盖妥善，用塑料布遮盖整个新混凝土面，塑料布的遮盖必须采用搭接法，搭接宽度不少于 20cm，并能阻止雨水从搭接部流入混凝土面。雨水集中引排至坝外，对个别无法自动排出的水坑用人工处理。

3. 当降雨强度小于 3mm/h 时的施工措施

（1）适当加大搅拌楼机口拌和物 VC 值，适当减小水灰比。

（2）卸料后立即平仓、碾压，或采用防雨布覆盖。

（3）做好仓面排水，以免积水浸入碾压混凝土中。

（4）当降雨强度大于 3mm/h 时的施工措施

已入仓的混凝土迅速平仓、碾压。如遇大雨或暴雨，来不及平仓碾压时，采用防雨布迅速全仓面覆盖，待雨后根据仓面情况进行处理。如混凝土料搁置时间过长，作为废料处理。大雨过后，当降雨量小于 3mm/h，并持续 30min 以上，仓面已覆盖未碾压的混凝土尚未初凝的及时恢复施工。

4. 雨后恢复施工措施

（1）恢复施工前，对已损失灰浆的碾压混凝土（包括变态混凝土），采取砂浆或水泥掺和料净浆进行层、缝面处理后恢复施工，采用吸泥机和水泵排除仓面积水。若有漏碾且尚未初凝的立即补碾，漏碾且已初凝而无法恢复碾压的，以及被雨水严重浸入的混凝土料，应予清除。

（2）若变态混凝土处有漏振且尚未初凝的，应抓紧补振，漏振且初凝而无法恢复振捣的，以及被雨水严重浸入的，应予清除。

（3）恢复施工前，严格处理已损失灰浆的碾压混凝土（含变态混凝土），并按照规范要求进行层、缝面处理。

（二）雾天施工

雾天施工必须加强仓面照明，确保履带式布料机、平仓机、振动碾及仓面其他设备照明系统良好。采用仓面汽车转料时，仓面汽车安装防雾灯。并在仓面周边安设防雾装置，减少雾天的影响，确保施工正常进行。

七、质量控制

（一）原材料

（1）碾压混凝土所使用的各类原材料，必须有相关的质量检测合格证明，并按规定进行进场前质量检测试验。

（2）原材料质量检测和控制由试验室负责执行，如发现质量问题时，试验室应将试验成果报告和处理意见呈报总工程师，由总工程师审批后执行。

（二）拌和

（1）对拌和系统进行定期检修。当拌和楼称量为偶然误差时，操作人员应按试验室人员的意见进行处理。当发生系统误差时，则应临时停机检修。

（2）当砂的表面含水率变动超过配料单采用值1％时，需调整砂的配料量。当含水率变动太大以致拌制的碾压混凝土无需加水VC值偏小仓面不能施工时，必须立即停机查明原因，采取相应的处理措施。

（3）当砂的细度模数和石粉含量均控制范围时，砂率不做调整，否则应根据规范和试验成果对砂率作适当调整。当石子超、逊径超过规范标准时，需调整各级石子配料量。

（4）现场配制的外加剂溶液，比重按设计标准值0.005控制。当比重超出控制范围时，必须及时查明原因并进行处理。

（5）碾压混凝土拌和物的VC值应根据气候及仓面施工状况实行动态控制，一般情况下VC值应控制在3～8s。

（6）严格控制碾压混凝土拌和物含气量，其变化范围宜4％±1％。

（7）加强对拌和出机碾压混凝土的控制与检测，不合格的碾压混凝土严禁入仓。

（三）水平运输

（1）定期检修皮带机运输系统，使其保持良好运行性能。

（2）对运送混凝土的汽车加强保养维修，保证运行的可靠性，无漏油现象。汽车在进仓前应将车辆内外、底部、叶子板及车架等部位的泥污冲洗干净。

（3）汽车受料、卸料时，司机服从指挥人员的指令。

（四）垂直运输

（1）混凝土垂直运输的设备及支撑结构必须牢固可靠，由物资装备科、工程技术科按设计进行检查验收，合格后方可投入使用。

（2）在满管、负压溜槽、皮带机使用过程中，定期对其运行系统进行检查。

（五）仓面施工质量控制与检测

（1）在碾压混凝土施工中，质检部门、试验室值班人员按表6-1规定的项目检查，测试并做好记录。

表 6 - 1　　　　　　　　　仓面施工质量检查、测试项目表

编号	检查项目		质量标准（取样数量）	检查单位
一	层间结合	汽车冲洗	无泥水带入仓	质检部门（试验室）
		仓面洁净	无杂物、油污	
		泌水、外来水	无积水	
		砂浆、水泥浆铺设	均匀无遗漏	
		层间间隔时间	下层混凝土未初凝	
		净浆比重	每班 1～2 次	
二	卸料平仓	骨料分离处	分散处理	质检部门（试验室）
		平仓厚度、平整度	高差小于 5	
三	碾压	碾压层表面	平整、微泛浆	质检部门（试验室）
		密实度	＞98.0	
四	混凝土质量	VC 值	满足施工要求	试验室
		废次料处理	按规范处理	
五	异种混凝土结合		符合要求	试验室
六	变态混凝土施工		符合要求	试验室
	变态混凝土抗压强度		根据需要取样	
	变态混凝土抗渗		根据需要取样	
七	RCC 抗压强度		相当于机口的 5%～10%	试验室
八	特殊气象下施工	雨天施工	措施符合要求	质检部（试验室）
		冬季施工	措施符合要求	
		夏季施工	措施符合要求	

（2）在碾压混凝土施工中，施工人员遵照有关规范精心施工，保证质量，仓面指挥人员对各个工序的施工质量应加强检查，发现问题及时处理。

（3）质检和试验人员对施工质量进行检查和控制，发现问题及时与仓面施工协商解决，当意见不一致时，先按质检和试验人员处理意见执行，施工员可以保留意见或报总工程师裁决。

（4）质检和试验人员按照规定作好质控记录，对各自分管的检查项目，当班按优良、合格逐项进行质量评定，对严重问题和产生原因及处理过程记录清楚，提出有效改进措施。

（5）质量安全科和试验室根据现场质控记录，对工程每一单元施工质量等级做出评定，并将评定结果及时书面报送领导和有关单位，并作为奖惩依据。

八、应急预案

13 号坝段预留导流缺口封堵施工期间，由 2 个导流底孔导流。根据 2 个导流底孔的泄流能力，以及缺口封堵施工期间的水情，成立 13 号坝段预留导流缺口封堵施工工作面过流应急小组，制定封堵施工期间应急措施，以确保人员、设备的安全。

（一）水情预报

13 号坝段施工期间的水情预报和测报工作由应急小组成员负责收集和安排，水情信息主要根据业主提供的水文资料，同时在乌江水利网上查询有关乌江流域的水情资料。

（二）导流底孔泄流能力

导流底孔泄洪能力见表 6-2。

表 6-2　　　　　　　　底孔泄流流量—水位关系曲线表

上游水位/m	2 个底孔泄流量/(m³/s)
298.90	1749.3
301.02	1998.8
307.30	2509.7
308.98	2588.58
309.50	2636.20
312.00	2791.60
314.50	2926.22
317.00	3043.37
319.5	3145.51
321	3200.37
323.5	3282.14
326	3314.35
327.23	3492.57
328.86	3504.26
331.25	3527.57
332.5	3572.74
333.73	3603.12
334.00	3636.79
335.29	3662.58
337	3729.08

（三）应急预案启动条件

根据水情预报水位可能超过 13 号坝段缺口施工工作面时，立即启动应急预案。

（四）当水位可能超过 13 号坝段工作面时的应急预案

根据水情预报，当预报水位可能超过 13 号坝段工作面，由领导小组召集小组成员，并与设计、监理和建设公司，根据预报水情趋势实施应急预案。

在决定撤离后，立即组织施工机械及施工人员撤离，保证及时、安全，把损失控制到最小。应急小组以及各施工队负责人临场指挥，迅速组织抢险、救援工作，确保人身和重大机械设备安全。

若发生水淹工作面时，应立即采取以下行动。

（1）采取措施，组织自救，抢救人员和物资，疏散工作面附近的施工人员，控制事态发展，最大限度减少经济损失。

（2）由应急小组临场指挥，参加现场救援的人员必须统一听从应急小组的安排，严格按照应急预案实施紧张、有序的救援，未经应急小组组长批准，不得擅自改变方案。

（五）人员设备撤离路线

当将出现水淹工作面时，由应急小组组长下达指令，应急小组成员以及各施工队负责人临场指挥，组织人员及重大机械设备迅速撤离。由于现场施工集中于混凝土浇筑，撤离路线如下。

（1）13 号坝段进行 310.0m 高程以下混凝土施工时，若水情预报上游水位超过高程 297.0m 淹没 6 号交通洞时，人员及设备从坝前入仓道路、6 号交通洞经 6 号、4 号公路路线迅速撤离。

（2）13 号坝段浇筑 310～325m 高程时，若水情预报流量超过 2 个导流底孔泄洪流量，上游水位将超过施工工作面高程，淹没工作面，应急小组立即下达指令进行撤离。人员经 310.0～325m 高程坝前的楼梯、4 号公路路线迅速撤离；设备在坝前 325m 高程平台用 70t 吊车吊运出仓面，沿 4 号公路路线迅速撤离到 340m 高程。

（3）13 号坝段浇筑 325～342m 高程时，若水情预报流量超过 2 个导流底孔泄洪流量，上游水位将超过施工工作面高程，淹没工作面，应急小组立即下达指令进行撤离。人员及设备经 325.0～342m 高程坝前入仓道路、4 号公路路线迅速撤离。

（4）13 号坝段浇筑 342m 以上高程时，若水情预报流量超过 2 个导流底孔泄洪流量，上游水位将超过施工工作面高程，淹没工作面。开启溢流坝段弧门进行泄流，控制水位在高程 342m 以下，13 号坝段继续施工。

（六）零星材料、工器具的撤离

对于工作面内的零星材料和工器具组织人员迅速进行清理、撤离。空压机、电源控制柜及可以拆下的电缆线等组织人员迅速将其拆下撤离至安全位置。已经立好的模板、止水等材料对其进行加固及保护。

（七）撤离信号的准备

撤离前十分钟，利用指挥车警报器作为撤离信号，在施工主干道上来回巡逻，发出警报，通知施工人员及机械设备从事先安排好的撤离路线迅速撤离。

第三节　实际施工方案与施工方法的优点与缺点分析

13 号坝段预留缺口混凝土施工前，左岸挡水坝段、进水口、溢流坝段及表孔金属结构安装、右岸挡水坝段均已完成或已达到工程下闸蓄水面貌，其施工进度、质量控制是工程能否如期下闸蓄水的关键。施工过程中在新老混凝土结合层面处理、碾压混凝土入仓方面均采取了一些非常规的施工技术措施，并根据导流底孔的过流能力，制定相应的应急预案，确保了缺口封堵混凝土的施工质量、安全、进度。

一、新老混凝土结合层处理方面

13 号坝段预留缺口 297m 高程以下混凝土经过 4 个汛期的过流，浇筑间歇时间较长，且部分止水及细部结构有不同程度损坏。浇筑前采取对老混凝土面凿毛 3～5cm、修复损坏止水、上游水平面老混凝土面增设一道铜止水基座、增设膨胀止水条、浇筑 1.2m 过渡层等措施，其优点是确保了新老混凝土面结合紧密、可靠；缺点是施工难度大、投入较高。

二、碾压混凝土入仓方面

原混凝土入仓主要是采用布置在 14 号坝段左侧的 2 套满管溜管系统入仓，由于受道路交通等多方面限制，为提高入仓保证率、加快施工进度，根据现场施工条件，高程 350m 以下修筑道路及浇筑台体采用汽车直接入仓，原握布置的 2 套满管溜管系统作为辅助与补充入仓措施。为做到坝体具备连续上升，2 条入仓道路按 1.5m 台阶布置，1 条使用另 1 条填筑。优点是：保证了坝体碾压混凝土的连续上升浇筑，有效加快了施工进度、确保质量控制。缺点是：修筑施工道路与施工平台的工作量大，且为临江、临边填筑施工、使用，需要增加安全设施和安全人员的投入道路填筑。

350.5m 高程以上因过坝渠道分割为左、右两个小仓号施工，加上左侧仓号内布置有检修闸门门库，两个仓号采用了四套混凝土入仓系统，分别是两套大溜槽系统，一套皮带机系统，一套皮溜筒系统。优点是：两个仓号混凝土从运输、卸料、转料到入仓有序进行，减少了交叉施工的影响。缺点是：一次性投入大、入仓成本高。

三、安全措施方面

13 号坝段预留导流缺口封堵施工期间，由 2 个导流底孔导流，为保证封堵施工期间的安全，有针对性的采取了以下安全措施。

（1）在 13 号坝段坝前浇筑挡水墙至 300m 高程，防止在 300m 高程以下施工时上游水位上涨时淹没施工工作面，确保安全施工。

（2）根据 2 个导流底孔的泄流能力，以及缺口封堵施工期间的水情，成立 13 号坝段预留导流缺口封堵施工工作面过流应急小组，制定封堵施工期间应急措施，以确保人员、设备的安全。

四、主要设计变更方面

预留导流缺口封堵施工前，设计变更取消了原布置的通航流量孔。

第四节　经　验　及　体　会

13 号坝段预留导流缺口封堵混凝土施工是沙沱电站下闸蓄水的关键性工程，直接制约电站能否按期投产发电，工程量大、工期紧，坝体结构较复杂（布置有廊道、过坝渠道、检修门库），施工布置条件差。为确保能如期完成封堵施工任务，综合采取了多项措施，有效解决了缺口封堵施工的难题。

（1）入仓道路分台阶交替填筑使用，保证了碾压混凝土的入仓强度，实现了坝体一次性连续浇筑 15m。

（2）针对小仓号碾压混凝土施工，由于仓内设备受限，有条件的可采用多点入仓下料，可减少仓内接料转料困难的问题。

（3）碾压混凝土坝体连续浇筑，原材料的计划供应、拌和系统运行管理、运输、入仓、仓面平仓碾压、模板提升以及入仓道路填筑各环节工序的衔接提出了更高的要求，现场的组织指挥协调是关键。

第七章　挡水坝段四级配碾压混凝土工程

第一节　挡水坝段四级配碾压混凝土施工概况

沙沱水电站大坝为碾压混凝土重力坝。在左岸挡水坝段（1～4 号坝段）335m 高程以上、右岸挡水坝（14～16 号坝段）349m 高程以上坝体内部采用 $C_{90}15$ 四级配碾压混凝土，上游面采用 $C_{90}20$ 三级配碾压混凝土及 $C_{90}20$ 三级配变态混凝土防渗，岸坡及坝体下游 50cm 范围内采用 $C_{90}15$ 四级配变态混凝土，左、右挡水坝段 335m、349m 高程以下部分采用常规碾压混凝土施工。6 个坝段的 $C_{90}15$ 四级配碾压混凝土约 15.7 万 m^3（图 7-1～图 7-3）。国内外对四级配碾压混凝土的研究和应用几乎是空白，主要是由于骨料粒径增加，碾压混凝土拌和物的骨料包裹较差和大骨料分离等问题，制约了四级配碾压混凝土的应用。沙沱水电站在国内首次系统的开展四级配碾压混凝土配合比、性能及施工工艺试验研究，通过先进的原材料选择、配合比设计、施工工艺调整及质量控制措施，解决了四级配碾压混凝土施工及质量控制上可能存在的缺点和困难，在碾压混凝土筑坝技术上是一项新的突破。

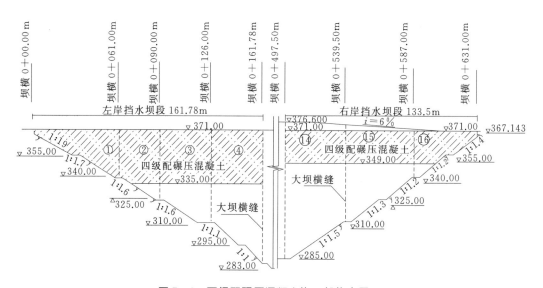

图 7-1　四级配碾压混凝土施工部位布置图

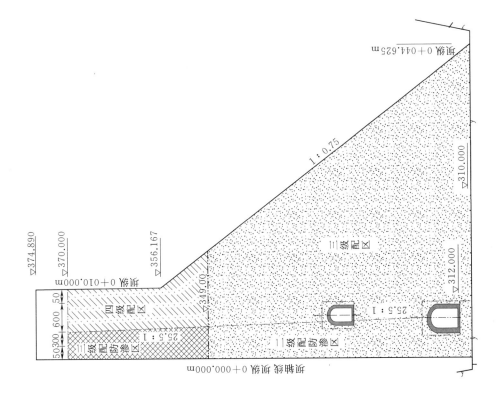

图 7-3 右岸挡水坝段典型横剖面

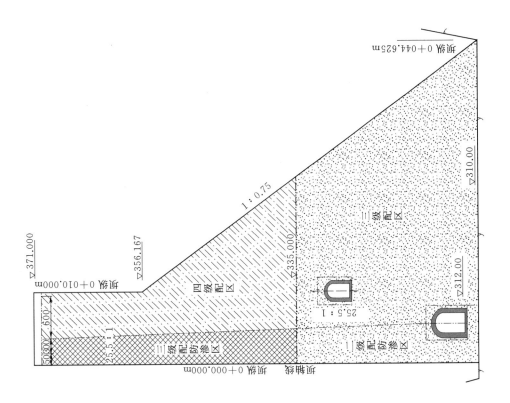

图 7-2 左岸挡水坝段典型横剖面

125

第二节 挡水坝段四级配碾压混凝土具体施工方案及方法

一、施工工艺

通过四级配碾压混凝土配合比、性能及施工工艺试验研究，其用水量与三级配碾压混凝土相比，可以降低 $8\sim10kg/m^3$ 用水量，减少胶凝材料 $16\sim20kg/m^3$，具有简化温控、降低水化热、减少层间结合等特点。四级配碾压混凝土采用三级配碾压混凝土施工工艺流程，其层间缝面处理、卸料、平仓摊铺、碾压、变态混凝土施工工艺基本相同，由于骨料粒径加大，碾压层厚度 50cm，在防骨料分离、碾压设备的激振力等方面提出了相应的要求。

（一）施工配合比

根据试验研究成果，坝体内部四级配碾压混凝土及防渗区三级配碾压混凝土施工配合比（表 7-1）。三级配碾压混凝土粗骨料组合为 30：40：30（大石：中石：小石），四级配碾压混凝土粗骨料组合为 20：30：30：40（特大石：大石：中石：小石）。

表 7-1　　　　　　　沙沱水电站四级配碾压混凝土施工配合比

工程部位	强度等级	级配	水胶比	粉煤灰掺量/%	砂率/%	减水剂 HLC-NAF/%	引气剂 AE/%	石子组合比（小：中：大：特大）	材料用量/(kg/m³) 水	水泥	粉煤灰	砂	石	VC值/s	含气量/%
防渗层	C₉₀20	三	0.50	55	34	0.7	0.08	30：40：30：（无特大石）	79	71	87	748	1490	3～5	3～4
坝体内部	C₉₀15	四	0.53	55	30	0.7	0.08	20：30：30：20	71	54	80	673	1611	3～5	3～4

（二）运输、入仓

四级配碾压混凝土采用自卸汽车运输直接入仓为首选的入仓方式，当采用皮带机水平运输、满管垂直运输，自卸汽车接料入仓时，为防止骨料分离，采取增设中转料斗降低碾压混凝土垂直落料高度及下落过快的措施，自卸汽车卸料采用多点卸料法交叉卸料。

（三）摊铺与碾压

四级配碾压混凝土的压实厚度为 50cm，摊铺厚度为 58～60cm，三级配与四级配同步上升。卸料平仓时以固定方向逐条带先铺坝体中间和下游侧的四级配混凝土，再铺上游侧三级配混凝土，严格控制四级配与三级配混凝土的分界线，其误差不得超过 30cm，且三级配区不允许有负值。平仓机摊铺过程中如果出现两侧的骨料集中，由人工分散于条带上。平仓机平仓后，要求做到平整，没有明显凹凸起伏。

振动碾作业参数（碾遍数、行走速度、振频、振幅）按施工工艺试验成果确定。采用三一集团生产的 YZ20C 型全液压单钢轮振动压路机，振动碾工作参数见表 7-2，大振 395kN 进行三级配、四级配碾压混凝土振碾，振动碾行走速度为 1.0～1.2km/h，碾压程序按"无振 2 遍→有振 8 遍→无振 2 遍"。碾压作业完成后，采用能够检测 60cm 深碾压混凝土压实容重的双管核子密度仪进行检测，检测点按 7m×7m 网格布点，相对混凝土压实度大于 98.5% 为合格，当低于规定指标时，应及时通知补碾，并重新检测，以达到规定指标为合格。

表 7-2　　　　　　　　　　振动碾主要工作参数

挡位	激振力/kN	振动频率/Hz	名义振幅/mm	振动轮直径/mm	振动轮宽度/mm	整机工作质量/kg	轴距/mm
大振	395	29	1.95	1600	2170	198000	3150
小振	280	35	0.95				

（四）变态混凝土施工

变态混凝土中掺浆量为变态混凝土量的 4%～6%，现场水泥净浆（或掺和料浆）容重标准检测值为 1.74t/m³。变态混凝土掺用纯水泥浆液（或掺和料浆），配合比为 550∶667∶550（水∶水泥∶煤灰）。加浆方式采用插孔加浆法，然后将浆液按规定的掺浆量均匀注入孔中；浆液掺入碾压混凝土内 10～15min 后开始振捣，振捣采用 ϕ110mm 高频振捣器将碾压混凝土和浆液的混合物振捣均匀密实。

（五）温度控制

根据四级配碾压混凝土试验研究技术参数，在 12 月、1 月、2 月、3 月冬季施工中，三级配、四级配碾压混凝土内部采用自然散热降温不布设冷却管；其余施工时段施工的四级配碾压混凝土冷却水管布置按照间距 1.5m，层距 3m 布设，三级配碾压混凝土冷却水管布置按照间距 1.5m，层距 1.5m 布设，各时段的通水参数（水温、流量、方面）根据气温、坝体温度等资料进行动态控制，在确保坝体混凝土内外温差不超过允许温度值的条件下逐步散热降温。

二、施工质量控制

（一）原材料控制

四级配碾压混凝土用水量较低，因此必须严格控制人工砂、粗骨料含水率满足规范要求，胶材、外加剂满足相关规范的指标要求。

（二）拌和物性能控制

与三级配碾压混凝土相比，在高温环境下四级配碾压混凝土 VC 值损失较快，但 VC 值过少，易造成骨料包裹性差、分离严重、砂浆损失等问题，施工过程中根据环境气候条件进行 VC 值动态控制，低温、阴天时 VC 值控制在 3～5s，宜偏下限；高温、大风时 VC 值控制在 1～3s，仓面及时喷雾保湿。

（三）骨料分离控制

四级配碾压混凝土由于骨料粒径加大，较三级配碾压混凝土骨料分离在采用自卸汽车直接入仓时不明显，但采用皮带机水平运输、满管垂直运输后自卸汽车接转料入仓时骨料分离较严重，且仅采用人工很难充分分散集中的骨料，需采取有效措施防止骨料分离。

（1）增加中转料斗以降低混凝土下落速度，减少四级配碾压混凝土因垂直下落过快产生的骨料分离现象。

（2）自卸汽车在下料口接料时，前后缓慢行走 2～3 遍，以降低车斗内堆料高度，减少大骨料滚落集中。

（3）自卸汽车卸料时，采用多点退铺法交叉卸料，以降低堆料高度。

（4）平仓机摊铺时利用平仓机从堆料立面、平面分散卸料时集中的骨料，并铺以人工将集中的大骨料分散铺洒到未碾压的混凝土上。

（四）振动碾行走速度

必须严格控制振动碾行走速度在 1.0～1.2km/h，保证振碾质量。

（五）变态混凝土加浆量及振捣深度

控制变态混凝土加浆量、振捣深度，以保证底部变态混凝土振动增实和层间结合。

第三节 实际施工方案与施工方法的优点与缺点分析

碾压混凝土筑坝技术是世界筑坝史上的一次重大技术创新。碾压混凝土筑坝技术以其施工速度快、工期短、投资省、质量安全可靠、机械化程度高、施工简单、适应性强、绿色环保等优势。碾压混凝土拌和物为干硬性，黏聚性较差，施工过程中粗骨料易发生分离，所以一般碾压混凝土坝只采用二级、三级配骨料，最大粒径为 40～80mm，且适当减少最大粒径粗骨料所占的比例。采用四级配骨料，最大粗骨料粒径达到 120～150mm，可显著减少胶凝材料用量、降低水化热、提高混凝土的抗裂性能、增加混凝土铺筑层厚，从而进一步降低成本、简化温控措施、提高施工速度、减少层面，能够充分发挥碾压混凝土的技术经济优势。

与以往三级配碾压混凝土筑坝相比较，采用四级配碾压混凝土筑坝主要有以下几方面优点。

（1）四级配碾压混凝土施工中由于胶材用量减少，水化温升降低，可有效简化温控措施，且有利于大体积混凝土的温度控制。

（2）四级配碾压混凝土施工中有效增加了铺筑层厚，减少层面、提高了施工速度，充分发挥了碾压混凝土连续浇筑、快速上升的技术经济优势。

（3）节约胶凝材料，可减少工程直接投资。

（4）可减少骨料生产带来的粉尘，有一定的生态环境效益。

与以往三级配碾压混凝土筑坝相比较，采用四级配碾压混凝土筑坝主要有以下几方面缺点。

（1）对拌和系统要求高、损耗大。

（2）运输、入仓、平仓易产生骨料分离，需采取有效措予以施减少。

（3）对切缝机、变态混凝土振捣设备需进行改进，增加切缝及振捣深度。

第四节　经　验　及　体　会

四级配碾压混凝土在沙沱水电站应用于大坝，于 2011 年 3 月开始左、右岸挡水坝段上坝施工，共完成约 15 万 m³ 的施工，实施总体效果良好。

左、右岸挡水坝四级配区混凝土施工完成达到设计龄期后钻孔取芯试验，左岸挡水坝段四级配区成功取出了 18.9m（ϕ197mm）的芯样、右岸挡水坝段三级配区成功取出了 18.94m（ϕ197mm）的芯样，芯样表面光滑，大小骨料分布均匀，结构致密，层间结合良好，芯样获得率较高，其各项力学指标均满足沙沱水电站大坝混凝土设计要求，证明其施工工艺，拌和物性能的动态控制、相适宜的骨料抗分离等质量措施是有效的，四级配碾压混凝土的施工质量是有充分能保证的。

（1）四级配碾压混凝土用水量为 71kg/m³、VC 值为 3～5s 时，拌和物大骨料表面砂浆包裹充分，拌和物具有较好的抗分离性，表面液化泛浆情况好，可碾性好。

（2）与三级配变态混凝土相比，作为四级配变态混凝土母体的四级配碾压混凝土用水量较小、砂率较低、砂浆少，四级配变态混凝土加浆量宜采用 3%～5%。

（3）层厚为 0.5m 的四级配碾压混凝土应采用 2 遍无振＋8 遍以上有振＋2 遍无振碾压，层厚为 0.4m 的四级配碾压混凝土应采用 2 遍无振＋6 遍以上有振＋2遍无振碾压，其中有振碾压采用激振力为395kN，振动碾行走速度为1.0～1.5km/h，四级配碾压混凝土相对压实度均可达到或超过98％。

（4）三级配、四级配混凝土同步浇筑上升施工工艺参数：碾压层厚0.5m，激振力395kN，碾压遍数无振2遍＋有振8遍＋无振2遍，振动碾行走速度1.0～1.2km/h，相对压实度最小值、平均值达到97％、98％以上。

（5）宜采用双管分层核子水分密度仪测量四级配碾压混凝土表观密度、评价和控制施工质量，减小测量误差、提高测量速度。

（6）在相同工况、相同层厚、相同养护条件下，四级配碾压混凝土初始温度、最大温度、最大温升、当前温度均显著低于三级配碾压混凝土。

（7）四级配碾压混凝土抗裂参数高于三级配碾压混凝土，四级配碾压混凝土可以在一定程度上提高混凝土抗裂性能。

（8）应对变态混凝土振捣设备进行改进，增加振捣深度，保证变态混凝土底部振捣增实，防止大气孔的产生。

第八章　通航建筑物本体段混凝土工程

第一节　本体段混凝土施工概况

一、工程简述

沙沱水电站通航建筑物按四级航道设计，过坝船舶吨位 500t 级，年过坝能力为 330 万 t，由上游引航道、过坝渠道、上闸首、本体段、下闸首、下游引航道及靠船墩等组成，采用垂直升船机型式，布置于溢流坝段的右侧，靠岸边，为 500t 级。上游、下游引航道及上游、下游闸首土建工程施工相对简单，主要阐述升船机主体结构本体段（承船厢室）的混凝土施工。

升船机本体段（承船厢室）布置在 13 号坝段（通航坝段）坝后，与坝体相接，平面尺寸为 83.5m×40.0m×106.1m（长×宽×高），底板高程 281m，升船机机电安装平台板梁顶面高程为 377.0m，高程 377～398.0m 为起重吊车排架及顶棚。设计采取后浇带的方式将本体段分成了 6 个部分进行施工。

承船厢运行空间尺寸为 70.10m×17.60m×92.19m（长×宽×高），工作闸门设在本体段下游侧，与下闸首衔接。本体段高程 316.5m 以下左右两侧为双墙体结构，外侧墙体厚 4.8m，内侧墙体厚 2.0m。内墙、外墙体之间通过 1.2m 厚墩墙相连，根据升船机的运行特点设计有若干竖井，高度方向上每 6m 设一层宽度 2.0m 的检修平台。每一层检修平台通过预留在隔墙上廊道相通，并最终通向两端的楼梯井，形成墙体内的上下及水平交通。

本体段高程 316.5m 以上外侧墙体厚 1.5m，内侧边墙厚 2m。墙内布置有楼梯井、风道和交通廊道、电梯井，楼梯井和风道尺寸为 5.9m×2.5m（长×宽）、电梯井尺寸为 2.3m×2.3m（长×宽）。内墙、外墙体之间通过 1.2m 厚墩墙相连，并设计有 16 个竖井，高度方向上每 6m 设一层宽度 5.8m 的检修平台。每一层检修平台通过预留在隔墙上廊道相通，并最终通向两端的楼梯井，形成墙体内的上下及水平交通。每一层检修平台通过预留在隔墙上廊道相通，并最终通向两端的楼梯井，形成墙体内的上下及水平交通。

本体段设备层高程为 377.0m。设备层为板梁结构，其结构形式如下：楼板厚度 50cm；主梁断面尺寸为 120cm×240cm（宽×高），共 12 根；次梁断面尺寸为 80cm×160cm（宽×高），共 8 排（其中：左右边墙各 2 排，承船厢室 4 排），每排 10 根。

升船机本体段桥机排架柱基础高程均为 377.0m，吊车梁轨顶高程为 393.5m，排架柱顶高程为 398.0m。排架柱的单侧为 13 跨，两侧共计 28 根混凝土立柱，其中 Z2 型两根：下柱断面为 1.2m×2.0m（宽×高），上柱断面为 1.2m×1.1m（宽×高）；其中 Z1 型 26 根：下柱断面为 1.2m×2.2m（宽×高），上柱断面为 1.2m×1.1m（宽×高）。立柱各跨柱之间每 4.0~4.5m 高差设置一层联系梁，共 5 层联系梁，底部四层联系梁断面为 0.6m×1.0m（宽×高）；顶部一层联系梁断面为 1.1m×1.0m（宽×高）。桥机吊车梁为 T 形梁，底高程为 391.7m，梁高 165cm，顶宽 80cm，底宽 60cm，翼板高度为 40cm。

本体段左、右边墙共布置 4 个楼梯井，上下游各两个。其中 1 号、2 号楼梯井位于上游端并对称分布，楼梯和梁全部为预制式；3 号楼梯位于下游端右侧，281~316.5m 高程楼梯和梁为预制式、316.5m 高程以上楼梯和梁为现浇式；4 号楼梯井位于下游左侧，281~316.5m 高程布置在集水井上兼做风道，316.5m 高程以下楼梯为预制式、梁为现浇式，316.5m 高程以上为现浇楼梯。本体段平面布置图见图 8-1，横剖面图见图 8-2。

二、工期及主要工程量完成情况

（一）工期完成情况

沙沱升船机本体段一期底板（281m 高程以下）混凝土施工，于 2008 年 6 月 25 日开工，于 2008 年 10 月 29 日完成，底板混凝土以上进行了过流保护。

2012 年 10 月 26 日 13 号坝段过流缺口开仓浇筑混凝土，缺口封堵混凝土开始施工。11 月 9 日浇筑至 310m 高程后，于 11 月 15 日开始本体段过流保护开始拆除，相继开始四期围堰填筑、基坑抽水等工作，2013 年 3 月 2 日过流保护拆除完成，进行基础块的清理和处理。于 2013 年 4 月 1 日开始边墙墙体混凝土浇筑施工。

（1）2014 年 12 月 26 日，完成边墙混凝土施工。

（2）2015 年 3 月 30 日，完成 377m 高程机电设备层板梁混凝土施工。

（3）2015 年 4 月 27 日，完成 377m 高程以上检修桥机排架柱混凝土施工。

（二）主要工程量完成情况

主要完成工程量见表 8-1。

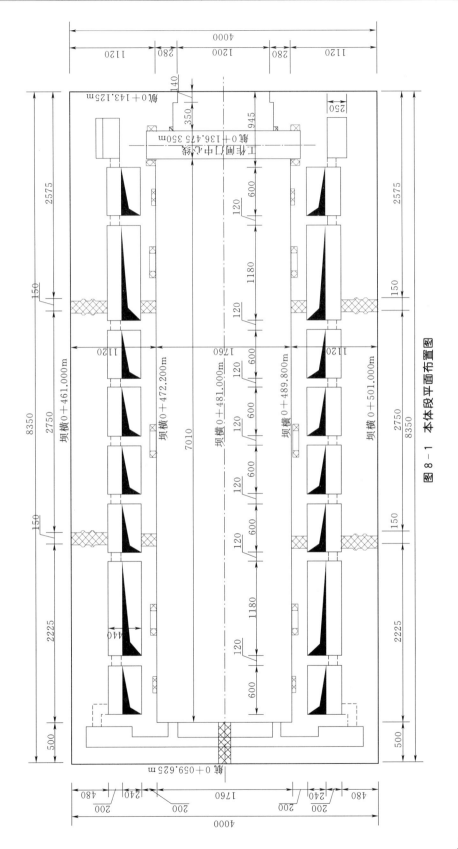

图 8 - 1　本体段平面布置图

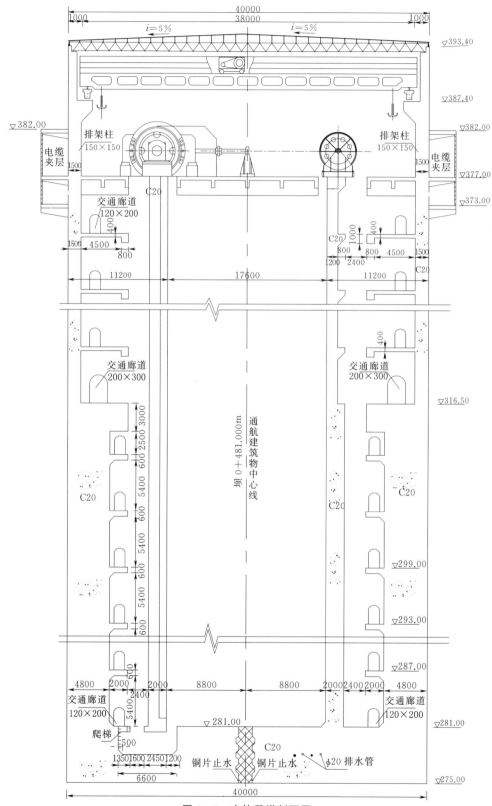

图 8-2　本体段横剖面图

表 8 - 1　　　　　　　　　　本体段主要完成工程表

序号	项目名称	单位	工程量	备注
1	底板混凝土 C20	m³	18895	已完成施工并进行过流保护
2	墙体混凝土 C20	m³	81973	
3	墙体混凝土 C25	m³	8347	
4	板梁混凝土 C25	m³	3633	
5	排架混凝土 C25	m³	1512	
6	二期混凝土 C25	m³	1977	
7	二期混凝土插筋	t	51.7	
8	钢筋	t	7836.6	

第二节　本体段具体施工方案及方法

一、垂直吊运设备布置

根据现场施工布置条件，主要布置 4 台垂直吊运设备，以满足墙体施工模板、钢筋材料的吊运吊装要求见图 8 - 3。

（1）1 号固定式塔机（C7050B）：一期布置在本体段底板 281m 高程下游，承担下游段 340m 高程以下施工吊运；二期拆装至本体段右岸边坡 334m 高程台体，承担右边墙下游段 340m 高程以上施工吊运。

（2）2 号固定式塔机（C7050B）：布置在达坝渠下游底板 350.5m 高程，承担上游段施工吊运。

（3）MQ540 行走式门机：布置在下闸首下游，轨道延伸至下闸首内，前期作为本体段下游段施工吊运的补充，后期主要承担下闸首的施工。

（4）3 号固定附着式塔机（C7025）：布置在左边墙下游段外侧，墙体埋设附着预埋件，塔机随墙体上升分阶段顶升，主要承担左侧墙体下游段 340m 高程以上施工吊运。

二、模板选型及板梁承重系统

（1）根据质量控制要求及现场施工条件，墙体内外侧外露面全部采用 3m×3m 翻转钢模板，墙体内检修井墙体采用 3m×3m 翻转钢模板，检修平台、交通廊道及基期部位采用散拼钢模板和木模板。

（2）墙体内检修平台板梁结构承重系统采用脚手架钢管支撑。370m 高程机电设备层板梁结构采用两侧墙预埋型钢架设贝雷片、贝雷片上搭设钢管支

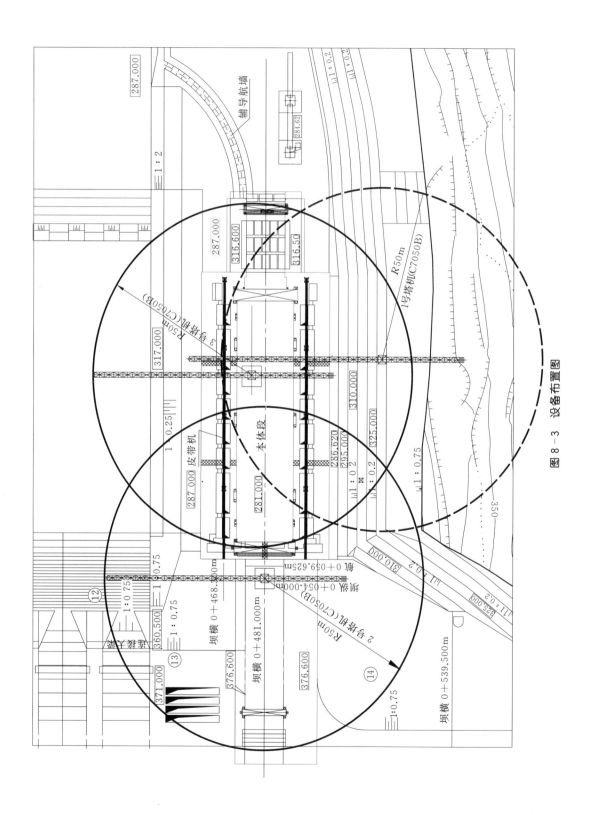

图 8-3 设备布置图

撑。所有支撑承重系统均经过验算，满足施工荷载要求。

三、本体段边墙 281～316.5m 高程混凝土施工

（一）入仓方式

1. 皮带机入仓系统

左右边墙各单独设一套皮带机入仓系统。

右边墙皮带机系统：受料斗设在 13 号右坝段下游侧（375.6m 高程），接溜管至 305.0m 高程，随皮带机的抬高而抬高。受料斗（0.5m³）接溜管（φ377，2cm 厚，设三条，其中：一条向皮带机供料，一条用于浇筑上游盲区，一条备用）至本体段上游，接 3 号行走式皮带机（82m 长），行走小车沿上下游方向行走布料。

左边墙皮带机系统：受料斗（0.5m³）接溜管（φ377，2cm 厚）至本体段上游，沿 1 号横向皮带机（25.2m 长）送料至左边墙，接 2 号行走式皮带机（82m 长），行走小车沿上下游方向行走布料。后期调整方案：受料斗设在 13 号右坝段左游侧面（375.6m 高程），接斜溜管（φ377，2cm 厚，布置两根，其中一根用于上游盲区的浇筑）至 305.0m 高程，随皮带机的抬高而抬高。

两套皮带机系统均分为两期布置，第一期布置高程 305.0m 高程，负责 281.0～299.0m 高程的混凝土浇筑，二期皮带机提升至 320.5m 高程，负责 299.0～316.5m 高程的混凝土浇筑。随混凝土的上升将立柱用型钢与混凝土墙连接固定。皮带机提升时，左、右边墙在时间上错开提升，以保证混凝土入仓的连续性，并辅以泵送手段入仓。

溜管＋皮带机入仓系统组成：2 个集料斗→2 套溜管→1 条上料皮带→两条行走式布料皮带机。

2. 右岸边坡溜管、溜槽入仓系统

在本体段右岸边坡布置九套溜管、溜槽入仓系统，分别承担本体段右边墙 300.0m 高程以下三个块号的混凝土入仓。

（1）本体段右 2、右 3 号块系统结构：仓外为溜管（φ337，1cm 厚），仓内为旋转溜槽，溜管与旋转溜槽之间用溜筒连接。

溜管从右岸边坡 336m 高程马道开始沿边坡布置（适当位置用钢管架固定），在 295.0m 高程马道布置一 19.3m 高立柱（1.0m×1.0m，φ100 四管柱）以支撑溜管，并在立柱上布置旋转溜槽及溜筒。

（2）本体段右 1 号块系统结构：由于没有吊装手段，采用溜槽＋溜筒＋溜槽的结构。从 336m 高程至 286.62m 高程沿边坡搭设钢管架，并在其上布置溜槽，再用溜筒溜混凝土至低高程，仓号内用溜槽分料。

3. 其他补充入仓措施

（1）增加 1 台三级配混凝土泵及 2 台混凝土拖泵，作为混凝土入仓的辅助手段。

（2）增加低高程长臂反铲入仓手段。

（二）混凝土运输路线

混凝土运输路线 1。拌和楼（旧址）→3 号公路→5 号公路→1 号公路→沙沱大桥→10 号路→四期围堰→工作面。运距约 6.5km。

混凝土运输路线 2。拌和楼→1 号公路→沙沱大桥→10 号路→四期围堰→工作面。运距约 4.2km。

混凝土运输路线 3。拌和楼→1 号公路→沙沱大桥→10 号路→8 号路→工作面。运距约 4.1km。

混凝土运输路线 4。拌和楼→1 号公路→坝顶→13 号左坝段坝后。运距约 1.3km。

（三）完成形象面貌及工程量

2014 年 3 月 5 日本体段右边墙全部浇筑至 316.5m 高程，2014 年 3 月 25 日本体段左边墙全部浇筑至 316.5m 高程。混凝土工程量约 48162m³。

四、边墙 316.5～377m 高程混凝土施工

（一）入仓方式

左右边墙各单独设一套皮带机入仓系统。

右边墙皮带机系统：受料斗设在 13 号右坝段下游侧（375.6m 高程），接溜管至 340.5m 高程，随皮带机的抬高而抬高。受料斗（0.5m³）接溜管（ϕ377，2cm 厚，设三条，其中：一条向皮带机供料，一条用于浇筑上游盲区，一条备用）至本体段上游，接 3 号行走式皮带机（82m 长），行走小车沿上下游方向行走布料。

左边墙皮带机系统：受料斗（0.5m³）接溜管（ϕ377，2cm 厚）至本体段上游，沿 1 号横向皮带机（25.2m 长）送料至左边墙，接 2 号行走式皮带机（82m 长），行走小车沿上下游方向行走布料。后期调整方案：受料斗设在 13 号右坝段左游侧面（375.6m 高程），接斜溜管（ϕ377，2cm 厚，布置两根，其中一根用于上游盲区的浇筑）至 340.5m 高程，随皮带机的抬高而抬高。

两套皮带机系统均分为三期布置，第一期布置高程 340.5m 高程，负责 316.5～334.5m 高程的混凝土浇筑；二期皮带机提升至 361.5m 高程，负责 337.5～355.5m 高程的混凝土浇筑；三期皮带机提升至 382.5m 高程（左、右边墙行走皮带机均需上料皮带机，长度为 42m，爬坡 12°，由罐车运输混凝土，直接向上料皮带机供料，受料点均布置在 13 号右坝段），负责 355.5～

376.6m 高程的混凝土浇筑。随混凝土的上升将立柱用型钢与混凝土墙连接固定。皮带机提升时，左、右边墙在时间上错开提升，以保证混凝土入仓的连续性，并辅以泵送手段入仓。

溜管＋皮带机入仓系统组成：2 个集料斗→2 套溜管→2 条上料皮带→两条行走式布料皮带机。

（二）混凝土运输路线

混凝土运输路线：$1 \times 3m^3$ 拌和楼→1 号公路→坝顶→13 号左坝段坝后。运距约 1.3km。

（三）完成形象面貌及工程量

通航建筑物升船机本体段左右边墙于 2014 年 12 月 26 日浇筑至设计高程 377m，混凝土工程量约 $54516m^3$。

五、设备板梁层混凝土施工

1. 施工过程

（1）施工工艺流程。施工准备→测量放样→埋件安装→贝雷片安装→脚手架安装→模板安装→钢筋安装→仓号冲洗→仓面验收→混凝土运输→混凝土入仓、振捣→拆模及养护。

（2）模板支撑系统。根据高程本体段 377m 高程设备层混凝土结构特点以及施工分层、分块情况，船厢室中间跨梁板混凝土结构施工采用在边墙上架设贝雷片承重桁架，然后在桁架上搭设承重排架支撑的方案。

贝雷片在水淹坝用汽车吊＋人工进行拼装，拼装成 8.3m 和 9m，再由 40t 平板车倒运至过坝渠道顶部，用塔机吊运至过坝渠道底板后再用塔机＋人工进行拼装。每榀贝雷片承重桁架之间采用标准连接片进行横向连接，然后在桁架上搭设承重排架。每根主梁底部采用 5 榀贝雷片桁架，上游主梁底部采用 4 榀贝雷片桁架，下游两根主梁底部采用 3 榀贝雷片桁架。贝雷片桁架双层加强弦杆做支撑，桁架上搭设承重排架的立杆间距与贝雷片桁架间距一致，排距 60cm，横杆间距 80cm，每间隔 2～3m 设置 1 道剪刀撑。次梁及板位置采用双层加强弦杆型贝雷片桁架做支撑，每榀桁架间的距离均为 45cm。次梁下承重排架搭设立杆间距 60cm，纵向间距 45cm（对应桁架间距），横杆间距 50cm，布置 3 层，每间隔 2～3m 设置 1 道剪刀撑。主梁两侧 100cm 内板及次梁的承重排架主要靠主梁和板及下的贝雷架为基础搭设八字撑，斜撑钢管的间距为 60cm。本体段内墙外侧部分板梁采用满堂脚手架支撑，底部坐落在检修平台上。混凝土浇筑完成后，在混凝土强度未达到 28d 凝期前承重排架不得拆除。

为保证施工安全，在贝雷片桁架上满铺一层竹跳板。

（3）混凝土入仓方式。混凝土入仓采用皮带机系统＋仓内搭设溜槽系统。皮带机系统主要由立柱、上料皮带机和两条行走式（带小车）皮带机组成。上料皮带机布置在过坝渠道右边墙顶部，1号行走式皮带机布置在本体段右边墙内侧墙体上，2号行走式皮带机横跨本体段左右边墙的内墙。立柱由Φ32钢筋焊接形成，立柱断面尺寸分别为1.2m×1.2m、1.2m×0.6m，立柱安装底高程为373.8m高程。1号行走皮带机长83.6m（底高程为380.8m），2号行走皮带机长24m（底高程为378.5m）。皮带机桁架主要由槽钢［10×5.3、角钢∠8×8组成。水平角钢间距1.0m，竖直方向间距0.8m，左右侧水平角钢与竖向角钢之间用剪刀撑进行连接，竖向角钢从横向角钢的底部开始连接。

2. 混凝土运输路线

混凝土运输路线：拌和楼→1号公路→坝顶→13号左坝段坝后。运距约1.3km。

3. 完成形象面貌及工程量

通航建筑物升船机本体段设备层板梁于2015年3月30日浇筑至377m高程（设计高程），混凝土工程量约2702m³。

六、桥机排架柱混凝土施工

（一）模板支撑系统

在377.0m高程、排架柱范围内及电气盘柜室、计算机室屋顶，采用$\phi48$（$\delta=3.5mm$厚）钢管搭设满堂脚手架，脚手架间距为1m×1m。作为联系梁及吊车梁的支撑，并兼作施工的操作平台。

在已搭设的脚手架上每米设置一层竹跳板，作为操作平台。

脚手架外包安全网。

（二）混凝土施工

（1）混凝土生产：混凝土由左岸拌和楼生产。

（2）混凝土运输：采用9m³混凝土罐车运输，运输路线：拌和楼→1号公路→13号坝段坝顶→混凝土泵车→工作面，运距约1.2km。

（3）混凝土入仓：采用混凝土泵（SY5402THB，46m，60m³/h）泵送入仓。

（4）完成形象面貌及工程量

通航建筑物升船机本体段桥机排架柱于2015年4月27日浇筑至设计高程，混凝土工程量约1982m³。

七、楼梯施工

预制楼梯总计170块，混凝土约240m³。单块楼梯混凝土约1.41m³、单块重约 3.58t。预制梁总计 235 块，混凝土约 47m³。单根梁混凝土约 0.2m³、单根重约 0.51t。

（一）预制施工

预制梁及预制楼梯分别在已浇筑的混凝土地台上施工。

根据现场情况，预制楼梯和预制梁模板全部采用木模板立模。

（二）预制楼梯转运

1. 前期预制场

（1）由于预制场地限制，预制场预制完成的楼梯部分由 16t 和 40t 汽车吊倒吊至预制场下游；另一部分由 40t 汽车吊装 20t 自卸车经 10 号路运输至 340m 高程马道塔机附近，由 16t 汽车吊卸车。

（2）在前期预制场共制作预制楼梯 159 块，其中 137 块预制楼梯转运至预制场下游、22 块转运至 340m 高程马道塔机附近。

（3）"7·15"洪水造成下游预制场楼梯被损毁 90 块，剩余 47 块预制楼梯由 16t 汽车吊至 20t 自卸车、经 10 路至 340.0m 塔机转运至本体段设备层内、分别由桥机吊至 4 号楼梯井卷扬机（24 块）和 1 号塔机工作范围内（23 块）。

（4）根据现场相关会议要求 235 根预制梁全部转运至预制场下游。待预制楼梯安装时，再将由 16t 汽车吊装至 20t 自卸汽车、经 10 号路、340.0m 马道塔机、本体段设备层、过坝渠道塔机吊至工作面；或经 10 号路、乌江右岸公路、沿河开发区、乌江左岸公路、坝顶、再用过坝渠道塔机吊至工作面。在预制楼梯安装时根据现场实际情况确定运输路线。

（5）混凝土运输路线：拌和楼→1 号公路→沙沱大桥→10 号路→预制场。运距约 4.0km。

2. 后期预制场

2014 年 7 月 15 日洪水前期预制场被冲毁，造成部分预制楼梯损毁。经业主协调重新修建后期预制场，冲毁的楼梯和剩余未施工预制楼梯在后期预制场施工。

（1）预制完成的楼梯全部由 16t、40t 汽车吊配合自卸车转运至预制场周边。共 101 块。

（2）由于堆放场需移交其他单位，预制场周边存放的预制楼梯由 40t 汽车吊装 20t 自卸车经 1 号路、坝顶公路运输至 2 号路（通往钢筋厂的道路）附近，再由 16t 汽车吊卸车。

（3）混凝土运输路线：拌和楼→1 号公路→7 号公路（进场公路）→预制场。运距约 2.5km。

（三）预制楼梯吊装

每块预制楼梯安装前必须先将梁窝和板窝原预埋的木盒子拆除。由于楼梯井高差最大近 96m，在安装时根据每个楼梯井所用吊装设备增加相应长度的钢丝绳；为保证人员安全和便于施工，每安装完成 1 块预制楼梯再将上一层要安装的预埋盒子拆除，拆除时用活动人字梯人工施工。待预制楼梯安装完成后，将预埋木盒子由塔机吊运至自卸车内，运至堆放场地，拆除后的木盒子无法二次利用。

1. 1 号、2 号楼梯井预制楼梯安装

安装顺序：预埋盒子拆除→预制梁安装→预制楼梯安装。

（1）由于吊运现场堆放场地狭小，无法提前将 2 号路周边的预制楼梯集中转运塔机吊装范围。只能每块达到安装条件后才能从堆放场地由 16t 汽车吊装至 20t 自卸车，运输至坝顶，并由 1 号塔机（布置在过坝渠道内）直接从自卸车上吊装至楼梯井。

（2）每台自卸车每次运输一块。

（3）预制楼梯自下而上安装。

（4）由于垂直最高高度为 96m（281～377.0m 高程），根据施工需要，需在楼梯井顶部、中部、安装位置各配置一个起重工；预制件吊至工作面后，配 4 个人采用自制工具将预制件调整好位置后，预留的梁窝或板窝内；然后再用撬棍等工具将预制件调整到图纸要求的搭接长度。

（5）在吊装过程中塔机吊运速度必须根据实际情况进行控制，若不考虑不利因素每次预制件吊装至工作面所用时间约 60min（281～377m 高程所用时间，不含预制件转运时间、拆除木盒子时间、吊装到位的安装时间和吊装完成后塔机的起勾时间）。正常情况下，预计每天预制梁安装 2 根、预制楼梯安装 1 块。

2. 3 号楼梯井预制楼梯安装

前期部分预制楼梯已转运至右岸塔机附近，直接由塔机吊装至楼梯井。安装程序参照 1 号和 2 号楼梯进行安装。

3. 4 号楼梯井预制楼梯安装

（1）由于施工场地限制，预制楼梯只能用特制的移动式门式卷扬机进行吊装。

（2）预制楼梯由 2 号路的堆放场由 40t 汽车吊装至 20t 自卸车，运输至过坝渠道右边墙顶部平台，由 1 号塔机将预制楼梯吊运至设备层桥机工作范围，吊运至 4 号楼梯井特制的卷扬机轨道内，由卷扬机吊装。

（3）由于 4 号楼梯井 316.5m 高程以下楼梯为预制式，梁为现浇式。必须先将梁浇筑完成后并等强，再进行预制楼梯吊装。

（4）现浇梁施工。

1）预制梁施工的材料和混凝土全部由卷扬机负责吊运。

2）现浇梁采用满堂脚手架作为支撑，满堂脚手架平面面积 4.9m×2.9m、钢管间排距 1m×1m、水平方向间距 1m。模板全部采用新木模。

3）混凝土：1×3m³ 拌和楼拌制完成后由 9m³ 混凝土罐车运输至坝顶，卸至 0.2m³ 的手推车内，由人工经本体段设备层将小推车推至 4 号楼梯井的卷扬位置，再由卷扬机将混凝土运输至工作面。

4）第一次浇筑完一层两根梁后，安装预制楼梯。由此按照以上施工方法，每浇筑完一层梁等强后，方吊装第二层预制楼梯。

第三节　实际施工方案与施工方法的优点与缺点分析

升船机本体段上均为墙体及板梁结构，结构复杂、施工程序多，实际施工时，在垂直吊装设备选型及布置、混凝土入仓、支撑承重系统等方案作了调整，主要体现在以下几方面。

一、垂直吊运设备布置方面

原方案在本段内布置 2 台 M900 塔机，解决本体内段混凝土施工的模板、钢筋材料的吊运及混凝土入仓。由于受施工场地限制，大型吊装设备布置、安装困难，实际施工中根据现场施工条件选用多台中小型吊装设备，以解决了模板、钢筋材料的吊运问题。

二、模板选型方面

原方案墙体周边模板采用滑模施工，由于墙体结构复杂，墙体内设计有检修平台、交通廊道等，设计增设后浇带，墙体内部结构施工工作量大，无法采用滑模施工。根据现场条件，实际施工中主要采用两层 3m×3m 翻转钢模板，其优点是：分仓浇筑备仓跳块可根据现场情况灵活调整、外露面整体外观较好。缺点是：模板投入量大、安拆需垂直吊装设备。

三、混凝土入仓方面

原方案混凝土入仓主要采用 M900 塔机吊卧罐入仓。实际施工中由于备仓中模板吊装工作量大，钢筋材料的吊运也占用垂直吊运设备，采用垂直吊运设备入仓受限，经综合论证，主要采用皮带机系统入仓，垂直吊运设备作为辅助手段，低高程部分采用长臂反铲、溜管溜槽作为补充。316.5m 高程以下墙体混凝土采用多种入仓手段入仓。本体段边墙结构复杂，钢筋密，立模面积大。

根据各个高程仓面的施工特点现场条件，选择长臂反铲、溜管溜槽、皮带机系统不同的入仓方式。既加快施工进度，又能保证施工质量。316.5m以上在左、右两侧墙体各设置一条皮带机，每条皮带机配置单独的下料、送料系统，互不影响。皮带机根据墙体高程上升，分阶段进行提升。施工方便，交叉施工少，节约入仓系统需要的投入。

其优点有以下几点。

（1）入仓强度高，加快了施工进度，工期得到了保证。

（2）皮带机根据墙体高程上升，分阶段进行提升，施工方便，交叉施工少，节约入仓系统需要的投入。

（3）解脱了垂直吊运设备，让其有条件用于备仓工作的模板、材料吊运。

缺点有两点。

（1）运输过程中有洒料漏料情况、运行维护要求高。

（2）运输三级配混凝土会产生一定的骨料分离，对小体积或钢筋密集的结构部位不易处理，相对输送二级配混凝土适宜性较好。

四、机电设备层支撑承重系统方面

原方案机电设备层板梁施工支撑为传统的钢结构桁架支撑——搭设钢结构桁架，在进行升船机边墙施工时，需在墙体内埋设大量的埋件，作为后期搭设钢桁架的支点，对边墙施工干扰大，增加了边墙立模施工的难度；需加工制作大量钢桁架，耗费大量人力、物力，并在进行桁架安装时，还要充分考虑吊装手段、焊接搭设等问题，不仅技术问题多，安全问题也较为突出，风险较大。而边墙施工因其工作面受限制，机械化程度低，工序性较强，在墙体内增设埋件，再加上大量的金结制安工作，工期难以保证。实际施工中，根据板梁结构，采用贝雷片拼装桁架结构作为梁、板的支撑承重系统，较好地解决了大跨度板梁结构支撑问题。

其优点有以下几点。

（1）承载力大、模块化结构、结构灵活。

（2）运输拆装方便、构件可通用互换，且能够多次重复使用。

（3）能够降低安装难度，节约大量人力、物力。

（4）工序间施工影响较小，施工安全、进度更有保障。

缺点有以下几点。

（1）非标件部分需另加工生产，且为一次性投入。

（2）由于是定型结构件，拆除时不能破坏其结构，难度大。

（3）租赁费用高。

第四节 经 验 及 体 会

升船机体段结构复杂，施工布置困难，在施工中根据现场实际施工条件，分阶段采取了多种方案措施，以解决模板、材料的吊装以及混凝土入仓问题，主要有以下经验及体会。

（1）沙沱水电站升船机本体段混凝土垂直运输，由皮带机入仓系统承担的做法，使门塔机不再承担混凝土的吊运，混凝土施工的立模、钢筋制安、混凝土浇筑等工序之间形成了循环作业，避免了有关工序的等待浪费，加快了施工进度。皮带机运输混凝土的强度满足施工需要。虽然浆液有少量损失，但采用拌制过程中适当调整配合比，施工质量可以得到保证。

（2）近年来随着水利工程的大量兴建发展，水工建筑物设计更具突破性，结构布置更有创新意识，施工技术也随之日新月异，不断跨行业引入新工艺。但是对于解决大高差、大跨度结构的施工平台问题，此类实际应用较少，沙沱水电站升船机电设备层板梁施工平台采用贝雷片组合桁架作为支撑承重，根据梁、板结构承重荷载要求进行组合，方便灵活，且能够改善现场作业环境，简化施工程序，减小施工干扰，降低施工难度，同时施工安全性也得到较大提升，更为关键的是，在工期紧、任务重的情况下，贝雷片桁架支撑承重方案的优越性得到了更好体现，是一种较为可靠的施工措施。

（3）沙沱电站通航建筑物升船机土建工程是水电部队第一次承担该类型的工程施工，升船机本体段（承船厢室）底板以上均边墙、机电设备层等均为板、梁、柱结构，结构复杂。通过垂直吊运设备布置的调整、混凝土入仓方式的优化、大跨度大高差板梁支撑承重系统的优化等，较好地解决了升船机土建施工中的技术难题，为同类型的工程施工积累了经验。

第九章 溢流表孔金属结构安装工程

第一节 溢流表孔金属结构安装工程概况

一、工程简述

沙沱水电站大坝泄洪系统布置在河床中部主河道上 9～12 号坝段，共设溢流表孔 7 孔，每孔净宽 15m，闸墩宽 5.0m（边墩宽 4.0m），溢流前沿总宽 143m，堰顶高程 342.00m。溢流表孔最大下泄流量 32019m³/s，最大单宽流量 304.76m³/s。

溢流坝表孔弧形工作闸门共 7 扇，门槽埋件 7 套。正常蓄水位高程 365.000m，底坎高程 341.500m，侧轨顶高程 371.000m，设计水头 24m，总水压力 44455kN，支铰高程 355.500m，弧门半径 27m，采用双缸弧门液压启闭机启闭，启闭机容量 2×5000kN，共 7 台，启闭机行程 10.5m，液压缸支铰高程 365.500m，泵站安装高程 367.500m。

溢流坝表孔事故检修闸门 2 扇，7 孔共用，门槽埋件 7 套（门库埋件另计），底坎高程 341.779m，设计水头 23.6m，总水压力 43164.4kN，闸门总高 23.6m，孔口净宽 15m，门槽顶高程 371.000m。每扇闸门由 2 叠门组成，每叠门均设有吊耳，由自动抓梁操作，采用 1 台 2×1600kN 双向门机启闭。

（1）溢流坝表孔每孔布置 1 扇露顶式弧形工作闸门，弧形闸门的结构形式为斜支臂三杆主横梁式，由门叶（共八节）、支臂和支铰等组成。弧形闸门设计水头为 23.5m，半径 27m，闸门总重 513.9t，单节门叶最大重量为 36.6t，门叶宽度为 14.960m，最大单节门叶高度为 4.041m，1 套支铰总重 46.4t。

（2）溢流坝表孔事故检修闸门 2 扇，设计水头 23.6m，闸门总高 23.6m，每扇闸门由上、下 2 叠门组成，闸门门宽均为 16.310m，高分别为 8.300m、15.375m，总重量分别为 106.4t、220.0t，单节门叶最大重量为 44.1t。

表孔闸门的结构尺寸、重量均为国内特大形弧形闸门之一，闸门安装最大吊装单元重量为支铰，总重量为 46.4t，单节门叶最大重量为 44.1t，最大单节门叶高度为 4.041m。

（3）坝顶 QM2×1600/400kN 门机上、下游跨度（轨距）达 27.00m，安装总高度达到 36.37m，总重量为 511.38t，最重部件是主梁Ⅰ为 53.32t，为特大型双向门机。

二、主要工程量及工期情况

(一) 溢流表孔金属结构安装工程量

溢流表孔金属结构安装工程量见表 9-1。

表 9-1 溢流表孔金属结构安装工程量表

部位	序号	项目名称	单位	数量	工程量/t	备注
溢流坝弧形闸门及启闭机	1	溢流坝弧形闸门埋件	孔	7	200.207	1 孔 28.601t
	2	溢流坝弧形闸门	扇	7	3597.3	1 孔 513.9t
	3	2×5000kN 液压启闭机	台	7	7	
溢流坝检修闸门及坝顶门机	1	溢流坝检修门埋件	孔	7	440.328	1 孔 62.904t
	2	溢流坝检修门	扇	2	326.4	
	3	2×1600kN 双向门机	台	1	511.38t	
	4	双向门机轨道 QU100	套	1	27.924	44t

(二) 安装工期

(1) 2011 年 6 月开始埋件安装。

(2) 2011 年 10 月 20 日开始弧形闸门支铰安装,至 2012 年 3 月 22 日,完成 1～7 号孔检修闸门及弧形闸门埋件安装;1 号、2 号、3 号、4 号、6 号、7 号孔弧形闸门安装及液压启闭机安装,无水调试完成;在 5 号表孔安装 1 号检修闸门完成,达到计划的"6+1"下闸蓄水面貌。

(3) 2012 年 8 月 10 日,2 号检修闸门安装完成。

(4) 2012 年 8 月 30 日,坝顶门机安装完成。

三、施工特点、重点及难点

(1) 现场安装垂直吊装设备布置困难。溢流坝右侧为 13 号坝段预留导流缺口,左侧为顶宽仅 10m 进水口坝段,而上、下游高差大,大型吊装设备难以布置。

(2) 闸门结构尺寸大,最大单元吊重量大。闸门结构尺寸为 15m×24.5m,为国内特大形弧形闸门之一,最大吊装单元重量为支铰,总重量为 46.4t,单节门叶最大重量为 44.1t,最大单节门叶高度为 4.041m。

(3) 坝顶门机跨度大(达 27m)、单元吊重量大,且现场无安装场地。

第二节 溢流表孔金属结构具体安装方案及方法

根据闸门最大结构尺寸及最大单元吊重选择吊装设备的原则选择吊装设

备，由于在表孔闸门安装工期内，无法使用坝顶门机进行表孔闸门安装，而门、塔机由于受最大起重载荷限制，且现场不具备安装布置条件，在工期紧、安装工作量大的情况下，结合其他工程经验，经研究论证选用一种运行灵活、移设方便的反托轮式架桥机作为表孔弧形工作闸门及事故检修闸门安装的吊装设备，并根据闸门最大结构尺寸及最大单元吊重选择规格型号，以满足吊装要求。

由于检修闸门门库坝段未形成，不具备安装条件，经论证，在1号表孔上进行坝顶门机的安装，吊装设备布置在与1号闸墩相接的电梯井坝段，但其尺寸仅为14.21m×10m（长×宽），受吊装位置限制，根据最重吊装结构件及吊距综合分析，采用250t履带吊作为主要吊装设备，由于在表孔上安装，门腿吊装后无法采用常规的缆风绳、调节杆进行支撑调节、固定方法，经论证采用在门机跨度中间设门型支撑桁架，再分别往上、下游方向采用组合型钢、桁架进行支撑固定及调节。

一、吊装设备选择及安装布置

（一）反托轮式架桥机的结构性能特点

反托轮式架桥机是一种新型的桥梁预制梁吊运安装施工设备，其结构性能参数主要是跨径、最大起重能力、宽度、高度，架桥机特点是运输、安装方便快捷，使用更加安全可靠、效率更高，采用过墩型主轨道梁，可实现跨度范围内全幅一次安装架设，极大提高施工速度。反托轮式架桥机结构见图9-1。

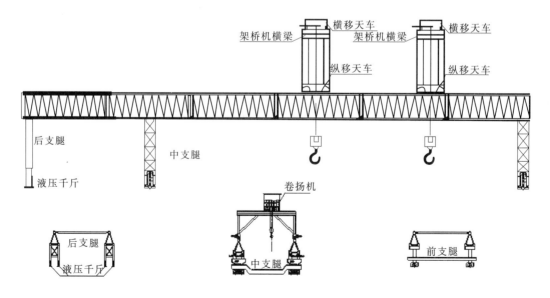

图9-1 反托轮式架桥机结构图

（二）论证反托轮式架桥机吊装程序的可行性、选型及布置安装

1. 反托轮式架桥机吊装程序的可行性及选型

根据闸门最大结构尺寸及最大吊装单元选择吊装设备的原则选择吊装设备。由于坝顶门机安装受条件限制未安装形成，在表孔闸门安装工期内，无法使用坝顶门机进行表孔闸门安装，而门、塔机由于受最大起重载荷限制，且不具备安装布置条件，根据反托轮式架桥机的性能结构特点及表孔闸门安装的条件分析论证，表孔闸门具备采用反托轮式架桥机吊装是可行的，且架桥机运输、安装方便快捷，使用安全可靠、效率高，因此选用架桥机作为表孔弧形工作闸门及事故检修闸门安装的吊装设备。

7 孔溢流表孔为开敞式溢流表孔，孔口尺寸为 15m×29m（宽×高），闸墩中墩宽 5.0m、边墩宽 4.0m，最上游吊装件为闸门门体、最下游吊装件为弧形闸门支铰，上下游距离 33m。最大吊装单元重量为支铰，总重量为46.4t，单节门叶最大重量为 44.1t，最大单节门叶高度为 4.041m，宽度 2.0m。

根据表孔的结构特点、闸门最大结构尺寸及最大吊装单元选择架桥机型号，以满足吊装要求。结合目前国内各型架桥机的结构特点，采用一种纵横移动机构为一体，两点移动支承主轨道梁过桥墩孔，由主轨道梁和梁上起重机梁下前转动托轮组为纵横两点动态支承，以及前、中支腿行走支架接触闸墩上、下游行走轨道，后端液压支承千斤接触支承构成的 WJQ40/160 反托轮式过孔架桥机，其运行、移设比普通架桥机更方便、灵活，主要组装构件包括主梁、提升小车、前支腿、中支腿、后拖、后支腿、行走轨道、液压和电气等部分。其主要技术参数及相关特征值见表 9-2 和表 9-3。

表 9-2　　　　　　　　反托轮式架桥机主要技术参数

额定起重量/t	2×80
适应跨度/m	≤40
适应纵坡	≤3%
吊钩提升速度/(m/min)	0.56
提升小车纵移速度/(m/min)	2.8
提升小车横移速度/(m/min)	1.3
架桥机纵移速度/(m/min)	1.3
架桥机横移速度/(m/min)	1.3
总功率/kW	54

表 9-3　　　　　　　　　　反托轮式架桥机相关特征值

型号	跨径/m	最大起吊能力/t		架桥机宽度/m	起吊高度/m	备注
		两钩	单钩			
WJQ40/160	54	160	80	5.0	5.5	

根据反托轮式架桥机的使用特性，结合施工现场实际和闸门主要吊装单元情况，在使用反托轮式架桥机吊装表孔闸门相关数据见表 9-4。

表 9-4　　　　　　　反托轮式架桥机吊装表孔弧门的相关数据

序号	吊装单元名称	重量	吊装方式		备注
			两钩	单钩	
1	支铰	47t		√	
2	门叶结构	最重 44.1t	√	√	检修门下叠门第五节（底节）门叶
3	半支腿＋支臂	最重 55t		√	最重为半支腿＋下支臂

2. 反托轮式架桥机的吊装位置布置及安装

（1）反托轮式架桥机的布置。溢流表孔共 7 孔，孔口宽度为 15m，孔与孔之间闸墩宽 5.0m，见图 9-2。

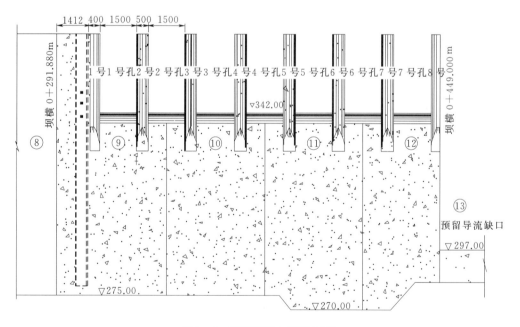

图 9-2　溢流表孔上游立视图

根据表孔及闸墩结构，为优化安装工序，加快安装速度，托轮式架桥机需要进行 4 次移设布置，即第一次跨 1 孔，后面三次跨 2 孔。先将反托轮式架桥机安装在 1 号表孔上（1 号闸墩上布置中支腿，3 号闸墩上布置前支腿），对 1

号弧形闸门进行安装，待 1 号孔弧形闸门吊装完成进行焊接，1 号孔坝顶交通预制梁吊装完成后，将反托轮式架桥机前移至 2 号、3 号闸墩上（在 2 号闸墩上布置中支腿，4 号闸墩上布置前支腿），对 2 号、3 号弧形闸门进行安装，待 2 号、3 号弧形闸门吊装完成进行焊接，本 2 孔坝顶交通预制梁吊装完成后，将反托轮式架桥机前移至 4 号、6 号闸墩上（在 4 号闸墩上布置中支腿，6 号闸墩上布置前支腿），对 4 号、5 号弧形闸门进行安装，同时在 5 号孔拼装检修闸门，待 4 号弧形闸门、5 号孔弧形闸及检修闸门吊装完成进行焊接，本 2 孔坝顶交通预制梁吊装完成后，将托轮式架桥机前移至 6 号、8 号闸墩上（在 6 号闸墩上布置中支腿，8 号闸墩上布置前支腿），对 6 号、7 号孔弧形闸门及 7 号孔检修闸门进行安装见图 9-3～图 9-5。

（2）反托轮式架桥机的安装。安装程序：施工准备→安放中横移轨道→安放中托轮组→拼装主梁→拼装前框架→拼装前支腿→拼装后支腿→拼装天车→电器系统安装→全面安检→空载、静载、动载试验→验收。

1）安放横移轨道。①枕木摆放：在桥头或预制梁端头上横向摆放枕木，两根枕木间距约为 0.5m，尽可能水平，摆成一条直线且与前闸墩平行；②横移轨道摆放：用汽车吊或 2 号塔机把横移轨道各节摆放在枕木上；③连接：用螺栓把各节横移轨道连成一体，且尽可能与前桥墩平行；④超平：用水平仪超平横移轨道；⑤支垫：横移轨道与枕木有间隙或不太实在的地方，用钢板支垫实落。

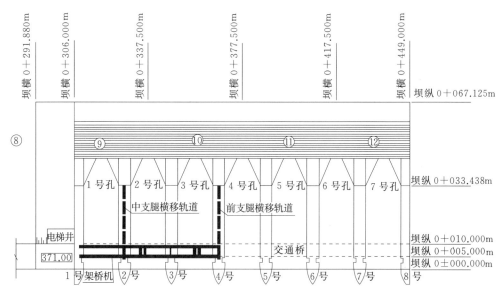

图 9-3　2 号、3 号表孔闸门吊装反托轮式架桥机平面布置示意图

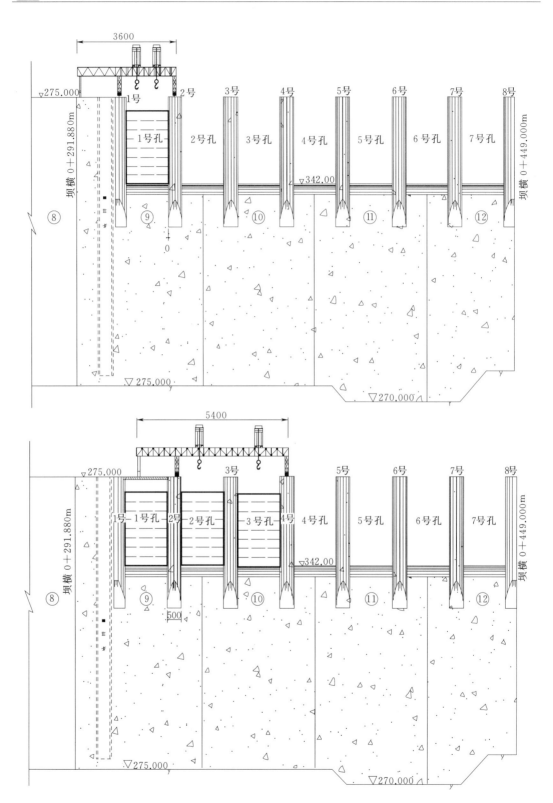

图9-4　1号、2号与3号表孔闸门吊装反托轮式架桥机布置上游立视图

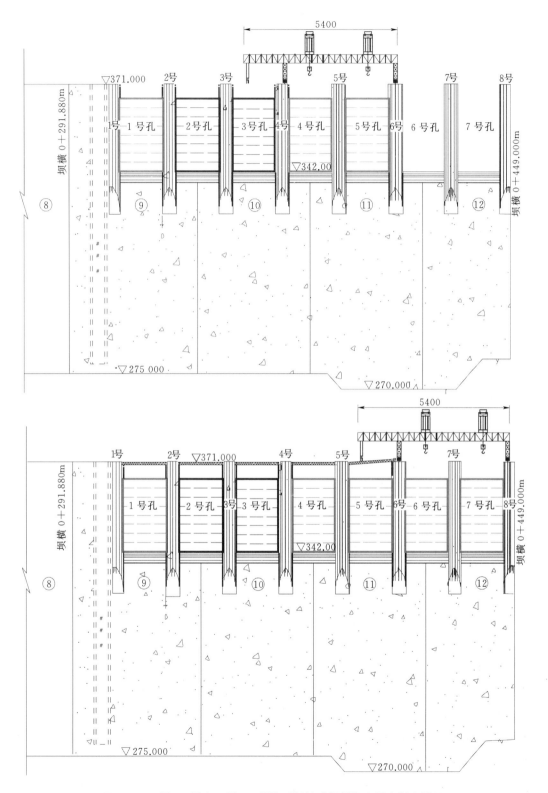

图9-5 4号、5号与6号、7号孔反托轮式架桥机布置上游立视图

2）安放中托轮组。①中托下轮组摆放：让电机安装位置朝向后方，把中托下轮组摆放在中横移轨道上，尽可能与运梁平车轨道相对；②电机减速机总成的安装：中托下轮组有齿轮边脱离轨道，轮齿上涂抹适量的润滑脂，用螺栓把电机减速机总成安装在中托下轮组上，添加齿轮油；③旋转座安装：摆放旋转座于中托下轮组上，安装旋转销轴及螺母、垫片；④反托轮组安装：摆放反托轮组于旋转座上，安装鞍座销轴并插上开口销；⑤电机减速机总成的安装：轮齿上涂抹适量的润滑脂，用螺栓把电机减速机总成安装在反托轮组上；⑥中托连杆：用销轴把中托下轮组与中托连杆连接，安装开口销。

3）拼装主梁。①安放前端梁节：搭起和中托一样高的枕木垛，用汽车吊或2号塔机把前端梁节摆放在中托和枕木垛上；②依次组拼梁节：另搭起一组枕木垛，用销轴把梁节与前节梁连接，安装开口销，然后拆除前一组枕木垛用来搭下一组枕木垛，重复上述步骤按编号依次组拼各梁节（如果有起重量足够大的起重设备，可按编号依次组拼各梁节，再放在中托上）。

4）拼装前框架。①摆放：用汽车吊或2号塔机吊起前框架，对正主梁前端的鞍座；②连接：插上销轴，插上开口销。

5）拼装后上横梁。①摆放：用汽车吊或2号塔机吊起后上横梁，摆放在末端梁节的横梁固定座上；②连接：用螺栓进行连接并紧固。

6）拼装前支腿。①泵站安装：把花纹板铺设在前支位置旁边的主梁桁架内作为工作平台，把油泵安放在工作平台上，用铁丝固定在工作平台上，在油泵里添加液压油；②千斤顶安装：把千斤顶缸体固定端用销轴固定在主梁上的吊耳上，插上开口销，连接高压油管；③电机减速机总成的安装：前支轮组有齿轮边向上，轮齿上涂抹适量的润滑脂，用螺栓把电机减速机总成安装在前支轮组上添加齿轮油；④支腿安装：用螺栓把前支轮组、标准节、前支伸缩管连成一体；⑤托架安装：把托架套在伸缩管上，插上销轴，然后用螺栓组把托架、支腿一起安装在主梁上，伸缩管用销轴与千斤顶活塞端连接，插上开口销；⑥前支连杆：用销轴把前支轮组与前支连杆连接，插上开口销。

7）拼装后支腿。①泵站安装：把花纹板铺设在后支位置旁边的主梁桁架内作为工作平台，把油泵安放在工作平台上，用铁丝固定在主梁上，在油泵里添加液压油；②千斤顶安装：把千斤顶缸体固定端用销轴固定在主梁上的吊耳上，插上开口销，连接高压油管；③电机减速机总成的安装：后支轮组有齿轮边向上，轮齿上涂抹适量的润滑脂，用螺栓把电机减速机总成安装在后支轮组上，添加齿轮油；④托架安装：把托架套在后支伸缩管上，插上销轴，然后用螺栓组把托架、支腿一起安装在主梁上，伸缩管用销轴与千斤顶活塞端连接，插上开口销；⑤后支轮组的安装：把后支轮组按照工作状态安放在铺设好的运梁轨道上，且在后支正下方，然后把后支连接梁吊放在后支轮组上，对正法兰板，用螺栓把后支轮组与后支连接梁连成一体；⑥后支连接梁的安装：后支伸缩管下落，对正法兰盘，用的螺栓把后支伸缩管与后支连接梁连接起来。

8）拼装天车。①电机减速机总成的安装：天车轮组有齿轮边向上，轮齿上涂抹适量的润滑脂，用螺栓把电机减速机总成安装在天车左右轮组上，添加齿轮油；②天车轮组的安装：摆放好已装电机减速机总成的天车左右轮组，吊起天车梁安放在天车左右轮组上，用销轴和销轴把天车梁和天车左右轮组连接起来；③定滑轮组、起重小车的安装：把定滑轮组、起重小车安放在天车梁上，起重小车在定滑轮组的正上方，安装板簧，用螺杆连接定滑轮组和板簧，调节螺杆，让定滑轮组脱离天车梁，且螺杆有一定的预紧力；④小卷扬的安装：把小卷扬摆放在座板上，用螺栓连接，安装天车梁另一端的导向滑轮，缠绕钢丝绳；⑤卷扬机的安装：把卷扬机摆放在起重小车上，用螺栓固定，添加齿轮油；⑥安放天车：把组装好的天车吊放在主梁轨道上；⑦动滑轮、吊具的安装：卷扬机松绳，缠绕钢丝绳，用绳扣固定钢丝绳，把吊具与动滑轮连接。

9）电器系统安装。①线架安装：在主梁侧面、天车梁两端合适位置焊上滑线架，在天车端头、起重小车侧面合适位置焊上挑线架，穿滑线轮，用花篮螺栓张紧滑线；②电控柜安装：在中托位置主梁桁架内用花纹板铺设工作台，然后把电控柜安放在工作台上并固定；③附件的安装：在前支轮组、中托下轮组、天车轮组上安装缓冲器和限位开关，在定滑轮处安装重锤开关，在卷扬机上安装电阻切除器；④线路的铺设和捆扎：铺设卷扬机主线、电阻切除器信号线，铺设重锤开关信号线，铺设天车轮组主线和限位开关信号线，铺设前支轮组主线和限位开关信号线，铺设中托轮组主线和限位开关信号线，铺设前、后泵站主线，铺设后支轮组主线；⑤各机构的调试运行：调整各运行电机转向，使其和控制面板表示一致，调整各运行电机的刹车达到使用要求。

10）检查、空载、静载、动载试验及验收。①对有开口销的地方进行全面检查，补上遗漏的，修改错误的；对全部螺栓进行紧固，补上遗漏的螺栓；对有齿轮的地方检查是否遗漏涂抹润滑脂；检查卷扬机是否有足够的齿轮油；检查结构件是否有开焊、裂缝。②反托轮式架桥机试车前检查。检查同一运行机构各电机转向是否相同；调整卷扬机及锥形电动制动器的制动间隙，确保制动可靠，检查各减速器的油量是否充足，各个油嘴、油杯、油管、油路是否畅通；检查电器系统油表是否在"0"位；检查有无妨碍运行的障碍物；检查操作手柄、按钮是否灵活。③空载试验。提升小车空栽沿主梁轨道来回行走数次，车轮无明显打滑，启动、制动正常可靠；开动提升机构，空钩升降数次，开关动作灵敏准确；把两台提升小车开至跨中，整机在 5m 范围内行走数次，启动、制动正常可靠，车轮无明显打滑现象。④静载试验。先起升额定荷载，再起升 1.25 倍额定荷载离地面 100mm 处，悬停 10min 后卸去荷载，检查架桥机主梁是否有残余变形，反复数次后，主梁不再有残余变形。⑤动载试验。以 1.1 倍额定荷载使起升机构和提升小车在 5m 范围内慢速反复运转，各制动机构及电气控制应灵敏、准确可靠，主梁振动正常，机构运转平稳，卸载后各机构和主梁无损伤和永久变形。⑥反托轮式架桥机安装并经过调试合格后，请地方技术监督管理局进行专项检查和验收，经检验合格后并颁发相应的合格证书后正式投入使用。

二、埋件安装

弧形闸门及检修闸门埋件安装采用汽车吊装车，运输至坝前埋件吊装平台，利用土建施工安装的 2 台 C7050 塔机吊卸车就位安装。

C7050 塔机平面布置及埋件吊装示意见图 9-6、图 9-7。

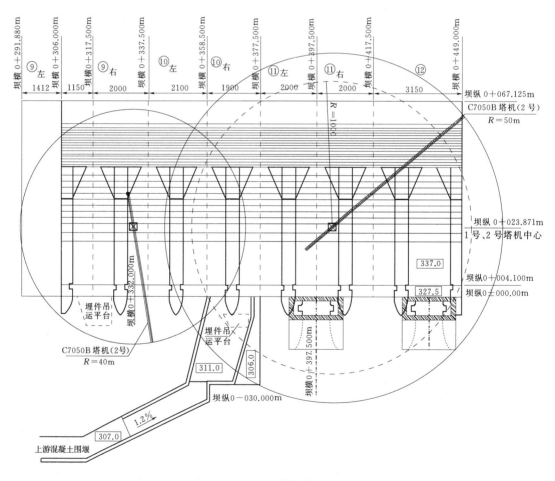

图 9-6　C7050 塔机布置平面图

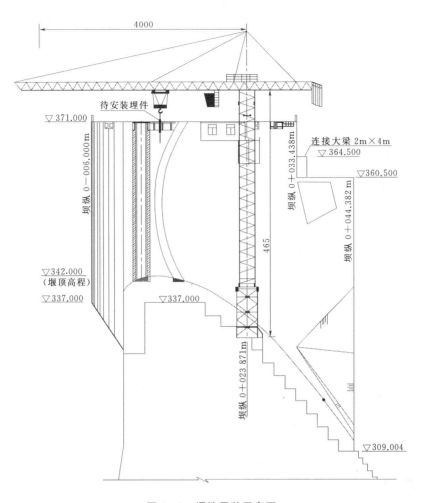

图 9-7　埋件吊装示意图

1. 弧形闸门埋件安装

弧形工作闸门埋件主要由底坎、侧轨、支铰座、连接板及若干连接螺栓组成。门槽埋件单孔总重 28.044t，其中底坎埋件 2.6782t、侧轨埋件 2×5.368t、支铰座埋件 2×6.033t。

（1）施工工艺流程。安装工艺流程：安装部位施工准备→测量控制点设置→埋件运输→底坎安装→二期混凝土浇筑→安装用排架搭设→侧轨安装→二期混凝土浇筑→铰座垫板安装→埋件表面清理、打磨、防腐→安装用排架拆除。

（2）安装准备。安装的准备工作主要是一期混凝土表面应进行凿毛，埋件的清点检查，运输。

（3）测量放样。根据已有的控制网，建立金结安装施工控制网，按照控制网引点进行各部位安装测量放样。

弧形工作闸门埋件安装测量放线是最重要的施工环节，弧形工作闸门的安装精度主要决定于弧门支铰、液压油缸支铰、底槛、侧导板相对位置。各部位安装控制点如下所示，将安装控制桩号和高程点置于弧门支铰底槛、侧轨基础附近，并固定，依据安装控制点安装、校核。埋件安装测量控制见图 9-8。

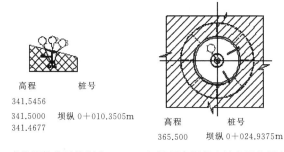

高程	桩号	高程	桩号
341.5456			
341.5000	坝纵 0+010.3505m	365.500	坝纵 0+024.9375m
341.4677			

(a)底槛埋件主要控制点　　(b)液压启闭机支铰主要控制点

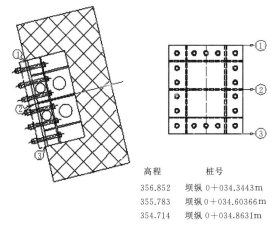

高程　　　　　桩号

356.852　　坝纵 0+034.3443m

355.783　　坝纵 0+034.60366m

354.714　　坝纵 0+034.8631m

(c)支铰座埋件主要控制点

图 9-8　埋件安装测量控制图

（4）底槛埋件安装。

1）在底槛锚筋上，距左、右边墙 300mm 的位置及门槽轴向中心位置，沿轴线方向各焊接一角钢作为底槛埋件安装支架，支架角钢面的高程小于底槛底部设计高程约 20mm。

2）利用 C7050 塔机将底坎吊装就位在安装位置支架角钢上，先初调底槛埋件桩号尺寸与设置的安装基准中心重合，随后在角钢上焊接定位挡块，然后从两侧向门槽中心用千斤顶对埋件的安装尺寸进行调整并加固。安装调整过程中，用测量仪器对埋件高程进行同步检测。安装调整完成后，会同监理工程师检查、复测底槛埋件的高程、桩号尺寸及底槛埋件与支铰座、启闭机机座间的相关尺寸，合格后进行二期混凝土施工。

3）底槛安装完成后，彻底清除粘于所有工作面的异物进行二期混凝土浇筑，要求浇筑时控制下料速度，混凝土强度达到70%后将底槛表面清理干净、打磨平整及整体复测，合格后按要求进行防腐处理。

（5）支铰座埋件安装。

1）在溢流坝弧形闸门闸墩混凝土浇筑至350.5m高程时，埋入外伸2m的20号槽钢，作为支铰座埋件安装时的施工临时平台见图9-9。

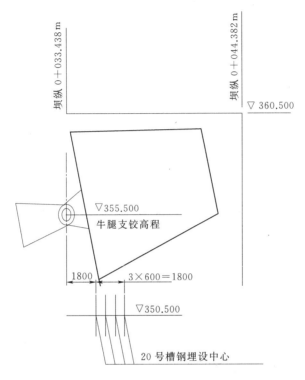

图9-9 支铰座埋件施工临时平台槽钢预埋示意图

2）先对弧门支铰、液压油缸支铰、底槛、侧导板进行测量放线，将上述的安装控制桩号和高程点置于弧门支铰基础附近。

3）利用全站仪和水准仪对支铰座埋件进行测量放线，将控制点线置于支铰座埋件基础附近。然后设置线架，挂好钢丝线。

4）将支铰座埋件与铰座套装后，利用布置在9号坝段或11号坝段的C7050塔机吊装就位。

5）通过安装调整，测量其中心主高程、桩号及倾角等符合要求后，将支铰座埋件与事先埋设好的加固用型钢焊接牢固。

6）经检查确认无误后，将地脚螺栓丝扣部分涂油并包扎保护后，进行二期混凝土浇筑。

（6）门槽侧轨安装。

1) 待底槛、支铰座埋件安装完成后进行门槽侧轨埋件安装，门槽侧轨安装采用一次到顶的施工方法，先调整好底节侧轨并加固牢靠，自下而上，依次逐节安装到顶，待所有侧轨吊装到位后，再做精调并固定，暂不浇筑二期混凝土。

2) 侧轨安装测量控制。侧轨安装曲率半径的控制：以支铰为中心，用经校核的30m钢卷尺，沿闸室侧墙在侧轨上下游放出12组控制点见图9-10。利用钢板尺沿1～1′、2～2′、…、12～12′方向量出止水板中心或止水板边缘距离，控制侧轨在门槽的安装位置。

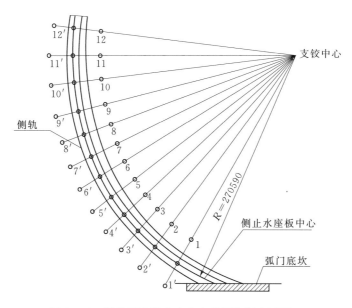

图 9-10　侧轨到支铰中心曲率半径控制点设置图

侧轨垂直度和扭曲度的控制：利用全站仪在闸室底板左右侧设置侧轨安装基准线，用于控制侧轨在孔口方向的位置。设置距侧轨止水面10mm的控制线，以该控制线为基准在闸室顶部挂线锤，形成弧形侧轨相距100mm平面，或线锤在线架可任意滑动，测量侧轨止水面与线锤的水平距离控制侧规在孔口方向的位置。利用10mm的平面控制侧轨安装的垂直度及扭曲度。安装完成，利用全站仪进行校核检查。

3) 弧门侧轨调整。侧轨垂直度和扭曲度的调整：侧轨调整利用调节螺杆调整侧轨对孔口中心距离、垂直度和扭曲度符合安装要求。

侧轨安装曲率半径的调整：根据12组1～1′、2～2′、…、12～12′控制点方向，测量出侧规止水板中心或止水板边缘距离符合设计图纸要求，即可保证弧门侧轨R曲率半径。

4) 待弧形工作门门叶、侧轮、水封安装结束后，对侧轨和水封进行微调，进行二期混凝土浇筑、轨道表面清理、打磨及整体复测，合格后按要求进行防腐处理。

采用以上方法比常规安装方法进度快，而且避免侧轨安装控制不严或二期混凝土浇筑时走样，补救措施甚小。

（7）液压启闭机支铰安装。

1）为满足液压启闭机支铰安装和施工安全要求，需在一期混凝土浇筑面搭设临时施工平台及安装支铰用支架。

2）根据测量控制点对埋件安装位置进行放样，主要控制液压启闭机支铰中心桩号、高程、闸墩边线到支铰轴的距离、闸门全开全管时液压缸中心线位置。将放好的控制点置于一期混凝土面或安装用支架上，然后设置线架，挂好钢丝线。

3）利用 C7050 塔机吊装就位，通过手动葫芦进行调整，待各种安装参数、尺寸符合设计及规范要求后，对液压启闭机支铰和一期混凝土预埋插筋焊接牢固。

4）调整加固完成后，对工作面进行清理冲毛清仓，进行二期混凝土浇筑。

2. 检修闸门埋件安装

检修闸门埋件主要由底坎、端坎、主轨、反轨、侧向凸体结构及连接板组成。共 7 孔，单个表孔门槽埋件总重 62.904t，其中底坎埋件 1.576t、端坎 2×0.44t、主轨 2×1.8591t、下节反轨 2×3.226t、上节反轨 2×3.516t、侧向凸体结构 2×4.891t。单个表孔门槽埋件底坎 1 件，端坎 2 件，主轨 20 节，反轨 10 节，侧向凸体 10 节。

（1）施工工艺流程。检修闸门门槽埋件施工工艺流程：准备工作→测量控制点设置→底槛吊装、调整、固定→主、反、侧轨吊装、调整、固定或焊接→检查、验收→二期混凝土浇筑→轨道接头磨平防腐、复查测量。

（2）埋件安装。

1）测量放样。根据业主提供控制网，建立溢流表孔金结安装施工控制网，按照控制网引点进行各部位安装测量放样。

门槽埋件安装测量放线是最重要的施工环节，具体做法如下。

分别在闸门门槽两侧 342.000m、350.000m、360.000m、371.000m 高程处焊接形成井字∠50×50×5 角钢样架，与一期混凝土锚筋焊接牢固。在闸门门槽相反侧顶上采用 TCR1201 全站仪在 371.0m 高程样架上测放出 1、2、3、4、5、6、7 七个点，用钢锯片刻横划线，要求划线深度不小于 1mm，然后将上述七点用铅垂仪或线锤加油桶向下投影放出 342.000m、350.000m、360.000m 高程样架上，随后用细钢丝垂直绷紧。采用 TCR1201 全站仪校核闸门门槽两侧测放点坐标，控制测放点垂直度是否满足设计要求（图 9-11）。

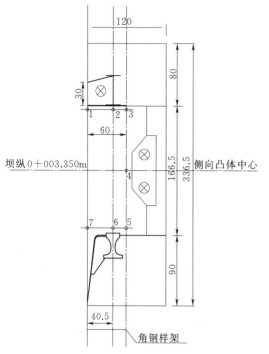

**图 9-11　检修闸门门槽埋件安装
测量控制点示意图**

为了满足底槛安装精度要求，在底槛安装过程中，沿底槛安装方向另行增加放样角钢架，按实际需要布设。

2）底坎、端坎埋件安装。安装前制作适当数量的铁凳子，高度根据现场情况确定，将底坎、端坎放置到铁凳子上表面略低于 341.500m 高程。用 C7050 塔机将底坎、端坎吊放到事先摆放于门槽底坎的铁凳子上，并粗调其位置，后根据测量放样点 1、2、3、4、5、6、7 在 342.000m 高程上的投影点，拉出三条 342.100m 等高控制线，利用千斤顶、调节丝杆、拉紧器、直角尺等工具精细调整底坎、端坎，首先进行设计位置调整，设计位置调整完毕再进行设计高程调整，然后再综合调整，使其设计位置、高程均满足施工图纸及设计要求，并进行测量校核无误后固定，与一期混凝土锚筋焊接牢固，双面焊接，要求焊接长度不小于 5d（d 为锚筋直径）。

经检查后进行加固，加固时应采取对称焊（三类焊缝）的方法防止变形。加固完成后进行复测，无误后进行下道工序施工。

底坎、端坎安装完成后，彻底清除粘于所有工作面的异物进行二期混凝土浇筑，要求浇筑时必须控制下料速度，混凝土强度达到 70% 后（5~7d），进行浇筑孔的封焊，并将底槛表面清理干净、打磨平整及整体复测，合格后按要求进行防腐处理。

3）施工现场操作平台搭设。为了在现场安全的进行施工，需在两侧门槽前搭设旋转爬梯，层高 2.00m 设施工平台，可进行施工操作，层与层之间设置通行爬梯，每间隔一层用钢管将旋转爬梯与柱槽内的一期锚筋焊接牢固，四周采取钢管斜撑。脚手架四周应布置安全网，形成安全屏障防止发生高空坠人事故。

旋转爬梯的搭设必须与单节埋件安装同步进行，以免影响单节安装作业。

4）门槽埋件安装。待底槛、端坎埋件安装完成后进行门槽其他埋件安装，门槽埋件安装采用一次到顶的施工方法。具体做法如下：

根据测量放样点 1、2、3、4、5、6、7 及投影放出的 342.000m、

350.000m、360.000m 高程样架上的放样点，将主轨、反轨、侧轨安装位置测放到底坎、端坎上，并焊接适当的定位挡块，利用 C7050 塔机分别将下节主轨、反轨、侧向凸体吊装就位，并利用手拉葫芦、拉紧器、千斤顶等工具粗调其位置，然后通过上述测量放样点悬挂 0.1mm 细钢丝垂直绷紧，控制门槽埋件的垂直度，经精调合格后固定。以同样的方法吊装、调整中、上节门槽埋件。最后再对门槽埋件进行整体检测、调整，使之满足设计图纸及相关规范要求。经检查合格后进行加固焊接。

焊接时先进行锚筋加固点焊，然后再进行正式焊接，双面焊接时，焊接长度不小于 5d（d 为锚筋直径），单面焊接时，焊接长度不小于 10d（d 为锚筋直径），最后焊门槽埋件间的焊缝。焊接时应采用对称焊防止门槽埋件变形。焊接完后进行尺寸复测，当偏差超标时，通过调整螺杆将门槽埋件安装偏差调整至规范内，合格后将螺帽点焊固定以防止门槽埋件在混凝土浇筑过程中发生偏移。

安装完成后彻底清除粘于所有工作面的异物后进行二期混凝土浇筑，要求浇筑时必须控制下料速度，一般控制在 0.7m³/h，按照 3m 进行分仓。混凝土 7d 以上龄期后，拆除模板进行轨道表面清理、打磨及整体复测，合格后按要求进行防腐处理。

5）埋件的质量检查和验收。①埋件安装前，对安装基准线和基准点进行复核检查，并经监理人确认合格后，才能进行安装。②埋件安装就位并固定后，在二期混凝土浇筑前，对埋件的安装位置和尺寸进行测量检查，经监理人确认合格后，才能进行混凝土浇筑，测量记录应提交监理人。③二期混凝土浇筑后，重新对埋件的安装位置和尺寸进行复测检查，经监理人确认合格后，共同对埋件进行最终验收，其验收记录应作为闸门埋件单项验收的资料。

三、弧形闸门安装

弧形闸门门体主要吊装单元有支铰座、半支臂、下支臂、中支臂、上支臂、花架和门叶（共八节，第八节为底节，第一节为顶节）。根据弧形闸门的结构特点，充分利用托轮式架桥机的吊装稳定性、移动的准确性、吊钩可独立操作性和跨度范围内全幅一次安装等优点。采用以下闸门安装顺序：支铰座安装→（半支臂＋下支臂）安装→第八节（底节）门叶安装→第六节门叶安装→中支臂安装→第五节门叶安装→第四节门叶安装→上支臂安装→第三至一节门叶安装→花架安装→焊接。所有构件均用汽车运输至安装现场，用架桥机卸车并翻身，再进行吊装。

利用反托轮式架桥机安装弧形闸门，充分利用了其吊装稳定、移动准确和单钩可独立操作的优点，将传统安装方法中闸门构件就位后的调整过程转移到闸门吊装过程进行调整至安装状态，大大加快了闸门的安装速度，相对传统的安装方法，大大缩短了工期。

（一）吊装工序

为充分利用反托轮式架桥机，加快弧形工作闸门的安装速度。根据施工现场实际，采用了以下吊装流程：反托轮式架桥机向上游行驶到位后，后支腿支撑，将运输闸门构件的汽车倒进架桥机起吊作业范围内停止→反托轮式架桥机起吊闸门构件→运输汽车离开作业面去运输其他闸门构件→反托轮式架桥机将闸门构件卸至地面（交通桥梁），根据闸门构件吊装要求翻身→起吊闸门构件就位。运输、吊装构件顺序严格安装闸门安装工序进行。即支铰座→半支臂及下支臂→第八节（底节）门叶→第七节门叶→第六节门叶→中支臂→第五、四节门叶→上支臂→第三至一节门叶→花架。在反托轮式架桥机吊装闸门构件的过程，利用单钩独立调整构件，使之以工作状态就位进行安装。

（二）支铰安装

（1）清扫、检查支铰座座板表面及螺栓，核对中心线及组装标记。

（2）支铰在出厂前已整体组装，支铰吊装重量为46.3626t，采用60t平板车运输，反托轮式架桥机吊装，并辅以通过预埋在闸室边墙上的吊耳，用手拉葫芦导向。

（3）吊装时调整支铰的倾角与铰座的倾角一致，用手拉葫芦导向调整支铰座与铰座座板的相对位置，将支铰座与铰座板相连的一端喂入座板上的螺栓内，随即将螺母拧入以稳定支铰座。紧固支铰座装配面四个角上的螺母，使两组装面的间隙在2mm左右，调整两组合面中心线与组装标记重合，正确后从中心向四周对称将全部螺母按规定的力矩拧紧固定铰座。

（4）支铰安装完成后用钢丝绳挂装在闸室边墙上的吊耳上，确保支铰的稳定。支铰吊装示意图见图9-12。

（三）半支腿、支臂和花架安装

（1）支臂设计为散件，分半支臂、下支臂、中支臂和上支臂等部件。半支腿重16.055t，下、中支臂为箱形梁结构，重29.7t。由于反托轮式架桥机吊重能满足要求，为减少吊装单元数量，方便安装，在安装前将半支臂和下支臂分别吊至表孔溢流面上拼装为一个吊装单元，同时对支臂进行预先修整，修整尺寸应相对设计尺寸留10mm的余量。以便在门叶安装时，对支臂进行精确修边。

（2）用反托轮式架桥机一天车的吊钩将拼装好的半支腿及下支臂吊起，调节吊运钢丝绳，以确保其以工作状态就位，调整半支腿与支铰的装配面，同时用撬棍穿入螺孔内进行对位调整，螺孔对正后，迅速将连接螺栓穿入并拧入螺母，用定位销打入定位孔内，使其两装配面中心及组装标记重合，然后拧紧四

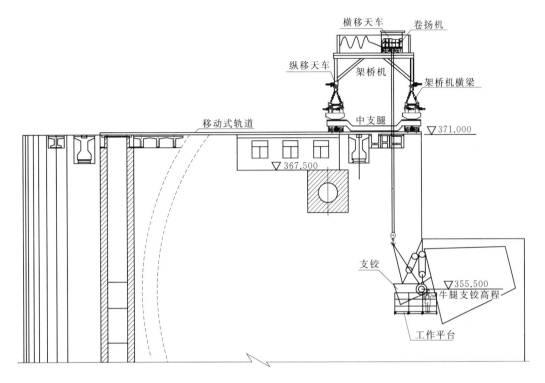

图 9 - 12　支铰吊装示意图

周角上螺母对其紧固，下支臂门叶端采用预先设计的板凳架支承，待第八节
（底节）门叶吊装就位后，调整下支臂倾角与门叶关闭状态下倾角一致，调整
门叶与支腿的相对位置，对装配面相互进行调整，螺孔对正后，迅速将连接螺
栓穿入并拧入螺母，其两装配面中心及组装标记重合，然后拧紧四周角上螺母
对其紧固，检查装配面中心及组装标记重合后，穿入全部螺栓，按从中心向四
周对称的顺序按规定的拧紧力拧紧全部螺栓固定下支臂与支铰、门叶的连接。

　　（3）中支臂及上支臂的安装，待相应门叶吊装就位后，分别进行中支臂及
上支臂的安装，以工作状态吊运至装配面，先装配与半支腿连接面，再调整装
配与门叶连接面。

　　（4）花架为槽钢结构，待支臂、门叶安装完成后进行花架的安装。花架先
用土建安装的 C7050 塔机吊运至已安装的下、中支臂上，待门叶安装完成后，
用手拉葫芦进行挂装、焊接。半支腿及下支臂吊装示意图见图 9 - 13。

　　（四）门叶安装

　　弧形工作闸门门叶结构共分为 8 节（底部为第八节），总重量为
179.3795t，从第八节（底节）至第一节（顶节）的重量分别为 11.8425t、
36.5353t、14.5579t、34.576t、19.5664t、27.6636t、17.4004t 和 16.021t，
最大单元吊装重量为 36.535t（第七节门叶）、规格尺寸为 14960mm ×

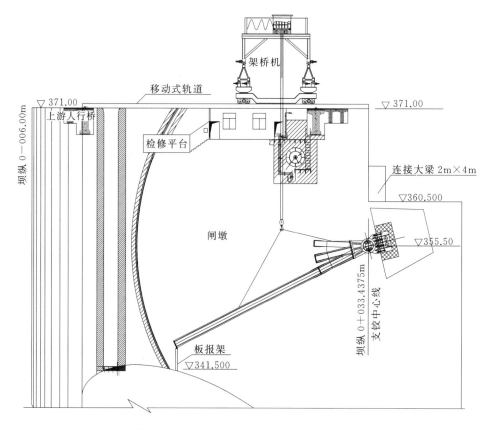

图 9 - 13　半支腿及下支臂整体吊装示意图

（1830～1936）mm×2703mm。在吊运安装前，在各个门叶上关于吊点中心对称焊接 4 个临时吊耳，以备用架桥机吊装门叶用。采用 100t 汽车吊装车，40t 平板车运输，放置到事先摆放在平板拖车上的枕木上，并调整闸门重心与平板拖车中心线重合后，用细钢丝绳、2t 手拉葫芦将门叶牢固帮扎在平板拖车上。闸门门叶运输前派专人探明路况，运输过程中设专人警戒，确保闸门运输及他人安全。安装时在溢流面上、下游处设置可靠的安全防护网。

（1）门叶安装前，按门叶面板表面半径尺寸在底槛上划出位置线，在闸门底槛上关于孔口中心线对称焊接两挡块，挡块间距为 15960＋4mm，以支铰座中心尺寸及门叶面板表面半径为基准，在侧轨上按每一节门叶的位置在两端及中间放出门叶就位基准点，并在点的位置焊接定位挡块，同时并在上游侧焊接定位挡块。

（2）将底节（第八节）门叶运至架桥机作业范围内，将吊具用卸扣挂装在门叶上部的两端的 4 个吊耳上，向上缓慢起升门叶成水平稳定的安装工况状态，然后将门叶吊移至安装就位位置。检查门叶面板表面与定位块间隙，对尺寸过大处用千斤顶进行局部调整。尺寸合格后用千斤顶调整下支臂位置将门叶与下支臂连接，并用定位块将门叶临时固定。按底节门叶吊装工序将相邻底节门叶的第七节门叶吊装就位在底节门叶上端约 100mm 的位置。调整门叶倾角及两门叶中心将门叶面板、表面顶靠在定位块上，然后缓慢下放门叶。下放过程中，应不断调整其就位位置，使其顺定位块面下滑，同时确保门叶上的定位板落入位置。门叶落下后，检查门叶各接口对接情况，以及面板与定位块的接触情况，门叶外形尺寸基本正确后，用千斤顶及压缝装置组对门叶的对接缝同时按点固焊要求进行接缝的点固焊。

（3）两门叶组装完成并点固焊接可靠后，再次复测两门叶的组装尺寸、相对位置及与定位块的间隙，合格后按上述工艺进行第六、第五节门叶的组装。第五节门叶吊装就位后，将中支腿运输吊运至闸室，利用架桥机双钩吊装的稳定性、灵活性，调整中支腿倾角，调整中支腿与门叶、半支腿连接装配位置的相对位置，正确后穿入连接螺栓按规定的力矩拧紧。随后进行下支腿与中支腿的连接系统安装，支臂连接系的组装施工，按从下至上，从开口端至支铰座端的顺序进行。合格后按上述工艺进行第四、第三节门叶的组装，第三节门叶吊装就位后，将上支腿运输吊运至闸室，按中支腿安装工艺安装好上支腿，并进行上支腿与中支腿的连接系统安装。最上节门叶（第一节）安装就位后，将上支腿与第一节门叶的连接杆安装连接。门叶吊装示意图见图 9 - 14。

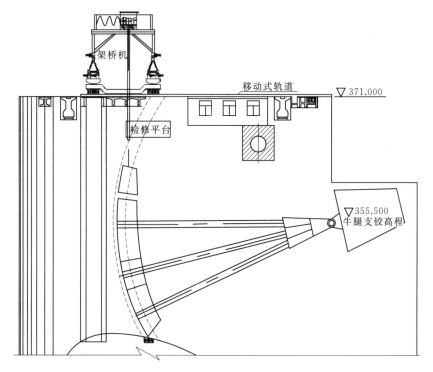

图 9 - 14 门叶吊装示意图

（五）焊接

（1）门叶全部在门槽内组装完成后，对其组装尺寸进行全面检查，合格后实施门叶节间组装焊缝的焊接施工。门叶各焊缝的焊接按制定的工艺顺序及焊接参数严格执行，焊接过程中由专人对门叶的对角线和弦长进行监测，如发生尺寸误差超过±2mm时，应及时调整焊接顺序，以校正门叶尺寸。下节门叶节间焊缝焊接完成并检查合格后，按照相同的工序进行余下上节门叶的焊接施工。

（2）对在门槽内不能施焊的焊缝，待启闭机全部安装、调试完毕并进入工作状态后，用启闭机将门叶焊缝位置升至平台高程，在闸门边墙检修位置补焊剩余的局部焊缝。门叶全部焊缝焊接完成后（靠边墙的焊缝除外），对焊缝进行清理、打磨及无损检测，合格后拆除全部临时定位块并对门叶组装尺寸进行检查，全部达到设计和《规范》要求，然后清理、打磨焊缝区及侧轨上的焊疤并涂刷防腐涂料。

（六）表孔弧形工作闸门附件安装

弧形工作闸门附件安装主要是水封装置、侧轮装置、栏杆、下游门叶爬梯。

闸门系统全部安装完毕后，对其各部尺寸进行全面的复测，然后启动液压启闭机油压装置，将门叶一段一段的升起，在检修槽位置进行侧轮及侧水封的组装，完毕后将门叶落至距底坎约1m高的位置，进行底水封的装配。上述工作全部完成后，将门叶落至底槛上放置，然后对闸门系统各部位进行全面检查，确认组装完成并正确后，检查水封与座板的间隙及压缩量，对压缩量不均匀或存在间隙处进行调整，水封调整合格后，进行闸门全行程的启闭运行试验。

四、2×5000kN 液压启闭机安装

2×5000kN液压启闭机用于溢流坝弧形工作门启闭。其液压油缸铰座中心安装高程为365.200m，泵站安装高程为367.500m，在工作弧门安装的同时，进行该设备的安装。液压启闭机最大吊装重量为液压缸25.402t。

工艺流程：机架就位、调整→基础二期混凝土浇筑→液压缸就位、调整→泵站安装→管道配管、安装、清洗油管→电气安装→过滤及加注液压油→泵站空载试运转→活塞杆与拉杆连接→高度指示器、主令开关及油压调整→启闭闸门试验。

（1）液压油缸铰座埋件安装，在闸门支铰座埋件安装时进行，与门槽底坎、支铰座、侧轨同时进行测量控制，根据液压启闭机的机座中心线、高程，测放启闭机机座中心线于边墙上的安装位置。安装基础螺栓及基础板，全站仪精确测量调整基础板的安装尺寸，同时调整基础板位置，基础螺栓调整垂直于基础板，检查合格后进行加固，加固时应将整个基础连接成整体，加固完后复测，复测合格后将基础螺栓涂上油脂并进行保护回填二期混凝土。油箱、油泵及管夹的基础安装与上述相同。启闭机基础二期混凝土达到一定强度后进行启闭机安装。

（2）启闭机安装前应对油缸总成进行检查，并对照制造厂的技术说明书的规定期限，确定是否应进行解体清洗。如需清洗时应制定详细的施工方案并在厂家的技术服务人员指导下进行。根据启闭机的安装次序将启闭机的液压站、控制系统、油泵总成等设备正确吊装就位。

（3）液压缸采用反托轮式架桥机吊装，首先将油缸起升至大致的安装位置，随后启动油压装置将活塞杆缓慢伸出至安装位置，利用托轮式架桥机起重配合将和塞杆上的吊头穿入门叶上的吊耳内，轴孔对齐后将吊轴穿入并锁定，然后关闭油压装置、拆除吊耳并进行清理打磨及焊缝区防腐层损坏部位的防腐施工。

（4）管路及附属构件。

1）管路系统的安装。①按施工图纸要求进行配管和弯管，管路凑合段长度应根据现场实际情况确定。管路布置应尽量减少阻力，布局合理，排列整齐。②预安装合适后，拆下管路，正式焊接好接头或法兰，清除管路的氧化皮和焊渣，并对管路进行酸洗、中和、干燥及钝化处理。③管路系统安装完毕后，应使用冲洗泵进行油循环冲洗，循环冲洗时将管路系统与液压缸、阀组、泵组隔离，循环冲洗后应达到设计规定的清洁度要求。④所有管材下料均采用锯割方法，不锈钢的焊接应采用氩弧焊焊接，弯管使用专用弯管机冷加工。⑤高压软管的安装应符合施工图纸的要求，其长度、弯曲半径、接头方向和位置均应正确。⑥液压系统用油牌号应按施工图纸要求，在注入前经过过滤使其清洁度达到规定要求。

2）液压站油箱在安装前必须检查清洁度，并符合制造厂技术说明要求。

3）液压启闭机电器控制及检测设备的安装应符合施工图纸和制造厂技术说明的规定。电缆安装应排列整齐，全部电器设备应可靠接地。

液压启闭机安装过程中严格按照相关规范、厂家的安装调试程序及技术要求执行。液压油缸吊装示意图见图 9-15。

五、检修闸门安装

溢流坝事故检修闸门为平面滑道门，共 2 扇，7 孔共用。每扇闸门由上、下 2 叠门组成，门叶厚度均为 2.000m。上叠门宽 16.310m，高 8.300m，主要由 3 节门叶组成，第一（顶节）、第二、第三节高度分别为 2.400m、2.850m、3.050m，重量分别为 35.779t、27.419t、37.668t，总重量 106.4t，单节门叶最大重量为 37.668t（第三节）、6 套主轮装置、8 套侧轮装置、1 套组合止水装置及若干连接螺栓组成。下叠门宽 16.310m，高 15.375m，主要由 5 节门叶组成，第一（顶节）至第五节高度分别为 2.700m、3.400m、3.350m、3.000m、2.850m，重量分别为 37.781t、40.447t、39.788t、

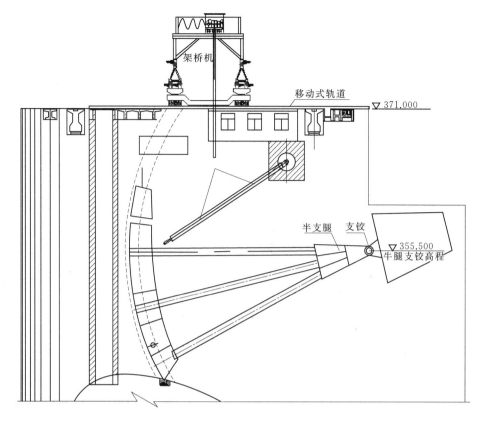

图 9 - 15　液压油缸吊装示意图

38.886t、44.114t，总重量 220.0t，单节门叶最大重量为 44.1t（第五节），14 套主轮装置、10 套侧轮装置、1 套组合止水装置及若干连接螺栓组成。为了满足下闸蓄水工期要求，结合现场实际，利用反托轮式架桥机作为吊装设备，在 5 号、7 号孔检修门槽先进行事故检修闸门安装，待 13 号坝段检修闸门门库形成、坝顶双向门机安装调试完成具备运行条件后，利用坝顶门机将事故检修门吊运至 13 号坝段事故检修闸门门库存放。

（一）施工工艺流程

事故检修门施工工艺流程：安装准备→门叶运输→下叠门第五节门叶吊入门槽孔口内 341.779m 底坎平台上→下叠门第四节门叶吊装并与第五节门叶对接、调整→下叠门第三、第二、第一节门叶吊装并与第四、第三、第二节门叶对接、调整→门叶连接焊缝焊接→整体检测→下叠门附件安装→上叠门第三节门叶吊入门槽孔口内下叠门第一节上（定位轴）→上叠门第二节门叶吊装并与第三节门叶对接、调整→上叠门第一节门叶吊装并与第二节门叶对接、调整→门叶连接焊缝焊接→整体检测→上叠门附件安装→焊缝部位局部防腐→监理验收。

（二）闸门安装

1. 安装准备

闸门安装前，全面检查安装部位的情况、闸门门叶及其附件的完整性和完好性，必要时通过预拼装进行检查。认真检查、清点各部件，确保数量完整。

2. 门叶运输

事故检修闸门门叶分为上、下两叠门，共 8 节门叶，最大单节重量为 44.114t，单节最大规格尺寸为 16310mm×2000mm×3400mm，采用 100t 汽车吊装车，60t 平板车运输。闸门装车时面板向下吊起，放置到事先摆放在平板拖车上的枕木上，并调整闸门重心与平板拖车中心线重合后，用细钢丝绳、5t 手拉葫芦将门叶牢固帮扎在平板拖车上。闸门门叶从金结临时存放场出发，经 3 号公路→左岸挡水坝段坝顶→进水口坝段坝顶→9 号坝段左（电梯井坝段）坝顶 371.00m 高程，闸门门叶运输前派专人探明路况，运输过程中设专人警戒，确保闸门运输及他人安全。

3. 下叠门门叶安装

采用已布置的反托轮式架桥机进行闸门门叶吊装。

（1）架桥机位布置位置。反托轮式架桥机纵向行走至已安装的预制梁交通桥正上方，在检修门槽顶，中心桩号为坝纵 0+003.500m。

（2）下叠门门叶吊装、焊接。

1）吊装前在门叶上焊接临时吊耳、对位板等。

2）首先用卸扣将吊索穿入下叠门底节（第五节）门叶顶部的吊耳内，将吊索挂入门机吊钩，缓慢提升门叶，当门叶刚脱离地面呈直立状态时，随即停止门叶的提升，检查架桥机的稳定及吊索可靠情况，经检查确认正常后，将门叶吊离地面约 400mm，然后将门叶吊移至闸门井口上随即下放门叶至底槛上，门叶在底槛上放置正确且平稳后，用千斤顶及撑杆在门叶四周临时加固门叶，加固可靠后拆除门叶吊索并将吊耳割除、打磨平整。

3）清理底节门叶装配工作面，按上述门叶吊装工艺将第四节门叶吊至五节门叶上，当距已就位门叶组装面约 10mm 时，随即停止门叶的下放，用千斤顶、撬棍调整门叶中心、出厂装配标记及定位块与就位固定的门叶对齐，随后将门叶下放在已就位门叶上。用千斤顶调整第四节门叶，使两门叶各中心线及装配标记重合并临时固定，校核、调整门叶滑块面及水封座板面的直线度和平面度，合格后对两门叶进行点固焊并加固上节门叶。

按上述门叶吊装就位及组装工艺，进行余下第三、第二、第一节门叶的组装调整，下叠门叶组对完成后，对门叶的几何尺寸进行全面的检测，合格后定位焊门叶组装焊缝，定位焊焊缝长度 60mm，间距 500mm，焊高 6mm。

4）检查、清理组装焊缝，然后进行门叶组装焊缝的焊接施工。先焊接边纵梁内焊缝，接着焊接门叶中间隔板及纵梁与主横梁间的焊缝，最后焊接面板的对接焊缝，余下在门槽内不能焊接施工的局部焊缝，待门叶提出门槽后再进行焊接。焊接施工由 4～6 名焊工同步对称进行，焊缝的焊接采用由中间向两端分段退步焊的焊接方法，同时采用小规范焊接工艺参数施焊。

5）焊缝全部焊接完成后（在门槽中两侧未焊的局部焊缝，待坝顶门机及检修门库形成后，吊动至门库后进行补焊），对焊缝进行全面检查及打磨修整。

6）清理、打磨修整门体表面，进行焊缝区及涂层损坏部位的防腐施工，完成后对门体各项尺寸进行全面的检测并记录。检修闸门安装示意图见图9-16。

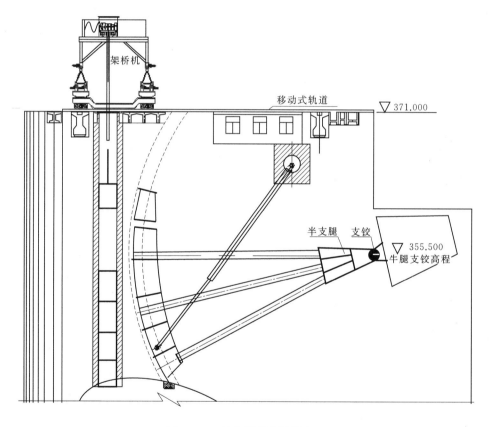

图 9-16　检修闸门安装示意图

（3）下叠门门叶附件安装。检修闸门附件安装主要有主轮装置、侧轮装置、反向滑块、水封装置、定位轴等。安装前必须进行闸门附件的清点检查，检查无误后，采用 40t 汽车吊或人工在金结临时存放场内按安装先后次序分类、领货。利用 8t 载重汽车运输至施工现场，利用 8t 汽车吊或人工卸车。

1）闸门附件均采用 C7050 塔机吊装，手拉葫芦配合调整。

2）主轮、侧轮、反向滑块及定位轴安装。

3）水封装置安装，清理水封座板面及螺栓孔，检查、清理水封及压板等部件，核对门叶水封座面与压板的位置标号及预组装标记，将水封按位置标号临时固定在门叶水封座板上，按顶水封→侧水封→底水封的顺序装配水封两侧的压板及水封，并调整定位。水封压板在装配位置吊装就位，通过撬棍调整，使压板螺栓孔对齐水封及水封座板螺栓孔，随后装入紧固螺栓压住水封，调整水封中心线尺寸及直线度，合格后由顶水封中间向两端、侧水封由上至下的顺序紧固水封，顶、侧水封全部紧固完毕后，检测水封的直线度、平面度、中心线尺寸及水封顶面至滑块面尺寸，合格后紧固水封装置。

（4）上叠门门叶安装。上叠门安装在下叠门附件安装完成后进行，采用下叠门相同的工艺吊运安装。

六、坝顶双向门机安装

坝顶 QM2×1600/400kN 双向门式启闭机主要用途是吊装坝顶溢洪道事故检修门，门机轨道顶面安装高程为 371.15m 跨度为 27.00m（坝纵 0＋000.300m～坝纵 0＋027.300m），单侧轨道长为 160.72m（坝横 0＋308.160m～坝横 0＋368.880m）。QM2×1600/400kN 门式启闭机主要由大车行走机构、门架、上部结构、小车起重机构、电气系统等组成，其安装总高度达到 36.37m，总重量为 511.38t，最重部件是主梁Ⅰ，其重量为 53.32t，门机起吊重量大钩为 2×160t，小钩为 40t。

（一）安装场地选择及设备布置

溢流坝坝顶门机原计划在检修闸门门库坝段安装，由于检修闸门门库坝段（13 号左坝段预留过流缺口）未形成，经论证，通过优化安装方案，在 1 号表孔上进行坝顶门机的安装。吊装设备布置在与 1 号闸墩相接的 9 号坝段电梯井坝段，场地尺寸为 14.21m×10m（长×宽）。门机安装场地布置见图 9-17。

（二）吊装设备选择及分析

QM2×1600/400kN 门式启闭机主要吊装件参数见表 9-5。

表 9-5 门机吊装设备选择参数表

项目	最大构件	最重构件	吊装幅度最远构件	吊装高度最高构件
构件名称	上部构件主梁（Ⅰ区、Ⅱ区）		门腿	避雷针
尺寸/(m×m×m)	34×1.815×3.6		14.35×2.9×1.9	
重量/t	53.3		16	
安装高度/m	22		18.4	36.37
吊装幅度/m	17.8		26.7	约 15

续表

项目	最大构件	最重构件	吊装幅度最远构件	吊装高度 最高构件
对起重设备的要求	在吊装幅度为18m时，吊装高度>26m（考虑绳索高度）且吊装重量>53.3t		在吊装幅度为27m时，吊装高度>22.4m（考虑绳索高度）且吊装重量>1t	
场地对起重设备的要求	根据安装场地布置，起重设备工作位置位于9号坝段左，其工作时设备宽度要求小于9m			
备注				

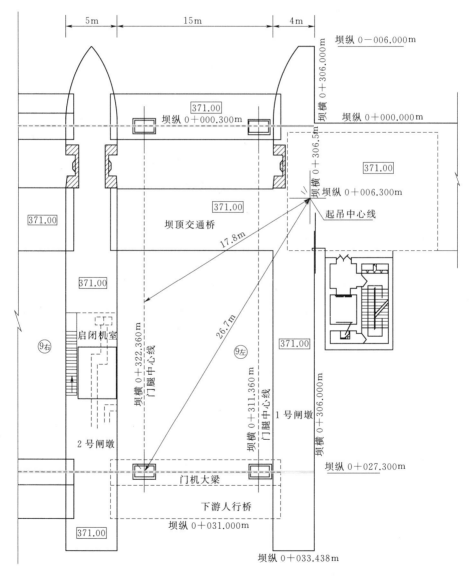

图9-17　门机安装场地布置图

门机安装由于受吊装位置限制，根据场地情况、最重吊装结构件及吊距综合分析，吊装右侧主梁时，幅度为 17.8m，吊装高度大于 26m、吊重大于 53.3t，选用 250t 履带吊副度 18m，主臂长 31.4～43.5m（相应吊重 54.1～53.4t），配重 85.2t 满足要求；吊装右侧下游侧（最远）门腿时，幅度为 26.7m，吊装高度大于 22.4m、吊重大于 16t，选用 250t 履带吊副度 28m，主臂长 31.4～67.5m（相应吊重 29.8～27.7t），配重 85.2t 满足要求；经分析选用 250t 履带吊，将其布置于电梯井坝段 371.00m 平台上，作为门机安装的吊装手段，其外形尺寸及性能参数见图 9-18、图 9-19 和表 9-6。

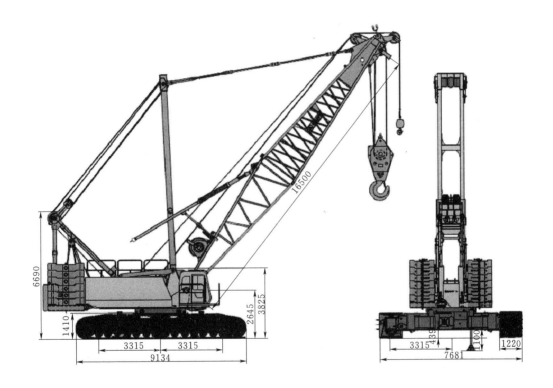

图 9-18　SCC2500-250t 履带吊外形尺寸

因大吨位履带吊转场工作量很大，门机在堆放场吊装转运依靠一台 70t 汽车吊和一台 40t 汽车吊作为辅助吊车进行吊装。

（三）门机构件的运输

采用 70t、40t 汽车吊在堆放场装车，根据构件重量分别用 60t、40t、20t 平板拖车运输，250t 履带吊卸车。

（四）门机行走机构及门腿的支撑固定及调节

1. 门机行走机构的支撑固定

由于门机轨道安装在跨孔的 T 形预制梁上，其梁窝有间隙，门机安装树立

表 9 - 6　　　　　　　　　　　　主 臂 工 况 性 能 表

幅度/m	SCC2500C主臂载荷表(不带加长臂、含标准配重和附加配重)　单位:t 主臂长/m													幅度/m
	16.5	19.5	22.5	25.5	28.5	31.5	34.5	37.5	40.5	43.5	46.5	49.5	49.5	
4	4.8/260													4
5	235.5	228.5	5.4/206.5											5
6	196.3	193.5	191.2	5.9/184.0	6.6/175.5									6
7	168.9	168.2	167.2	166.6	165.7	7.1/155.5	7.7/145.5							7
8	148.2	147.5	146.6	145.8	145.6	145.5	143.3	8.2/128.2	8.7/120.5					8
9	132.5	131.6	130.2	129.9	128.9	128.3	127.8	125.6	118.5	9.2/108.2	9.8/99.5			9
10	120.5	119.7	117.8	116.9	116.4	116.1	115.5	112.1	108.2	104.8	97.8	10.3/93.5	10.3/93.5	10
12	94.6	94.6	94.5	94.5	94.4	94.3	93.7	93.4	86.5	96.1	85.1	83.0	83.0	12
14	75.9	75.9	75.8	75.8	75.7	75.7	75.6	75.5	75.3	66.2	64.8		70.8	14
16	15.9/53	64.0	63.6	63.4	63.4	63.4	63.3	63.2	62.7	62.4	61.5	60.7	61.9	16
18		55.3	54.1	54.1	54.1	54.1	53.3	53.8	53.6	53.4	52.8	52.3	53.3	18
20		18.5/50.5	47.4	47.2	47.1	46.9	46.7	46.6	46.4	46.2	46.0	45.7	46.6	20
22			21.1/41.2	41.6	41.5	41.3	41.1	41.0	40.8	40.6	40.3	40.1	40.9	22
24				23.7/35.2	36.9	36.7	36.5	36.4	36.2	36.0	35.7	35.6	36.3	24
26					33.6	33.0	32.8	32.7	32.4	32.2	32.0	31.8	32.5	26
28					26.3/31.8	29.8	29.6	29.5	29.3	29.1	28.8	28.6	28.2	28
30						28.9/27.2	26.9	26.9	26.6	26.4	26.1	25.9	26.5	30
32						31.5/23.8	24.5	24.3	24.0	23.8	23.6	24.2		32
34							21.5	22.3	22.0	21.8	21.6		22.1	34
36								20.6	20.3	20.1	19.9	20.3		36
38								36.7/19.4	18.8	18.5	18.3	18.8		38
40									39.3/17.3	17.1	16.9	17.3		40
42										41.9/15.5	15.7	16.1		42
44											14.6	15.0		44
46											44.5/13.7	44.5/14.6		46
48														48
50														50
52														52
54														54
配重/t	85.2	85.2	85.2	85.2	85.2	85.2	85.2	85.2	85.2	85.2	85.2	85.2	85.2+5.8	配重/t

注　1. 表中40%灰度填充的斜体数值表示带标准配重及附加配重的工况,粗框内灰色填充部分表示载荷值是由强度决定的。

　　2. 实际起重量是表中的额定起重量减去起重吊钩、钢丝绳及所有吊具之后的数值;

　　3. 表中所示额定起重量是在水平坚硬地面、重物被缓慢平稳吊起、非行走吊重工作时的值。

　　4. 额定载荷在倾翻载荷的75%以内。

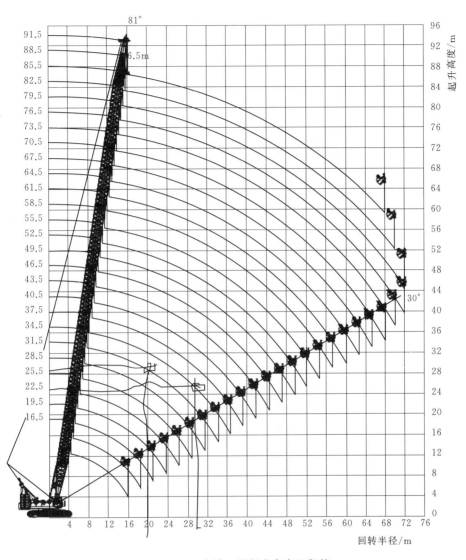

图 9 - 19 主臂工况起升高度工作范

门腿时重心过高（约 12m），只有翼板端头承受侧向力，为防止侧翻，需对门机梁做限位加固。为了安装过程中对门机行走机构进行支撑，在门机梁上预埋插筋，门机梁限位加固（图 9 - 20）。

2. 门腿的支撑固定、调节

由于在溢流表孔上安装，门机门腿吊装后无法采用常规的斜支撑、缆风绳固定、调节的方法，经论证采用

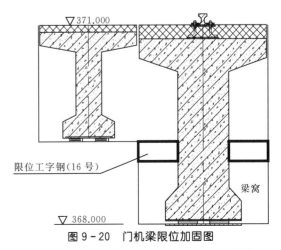

图 9 - 20 门机梁限位加固图

在门机跨度中间设门型支撑桁架，再分别往上、下游方向采用组合型钢或桁架进行支撑固定及调节。

门机开始安装前，将制作好的门型架安装在门机上、下游跨度中间心，门型架立柱分别安装在1号、2号闸墩混凝土面上，并与已打好的插筋焊接固定，然后安装门型架横梁及八字支撑，待门机支腿吊装后，以门型架为支承采用组合型钢、桁架对门腿进行支撑固定及调节。门型架平面布置图见图9-21、图9-22。

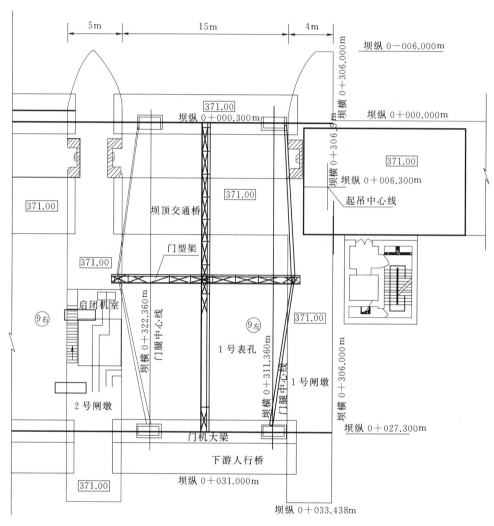

图9-21　门型架平面图

（五）安装工艺程序

门机安装工艺程序见图9-23。

（六）安装措施

1. 测量放线

将门机安装中心线放出（坝横0+311.360m、坝横0+322.360m），并在

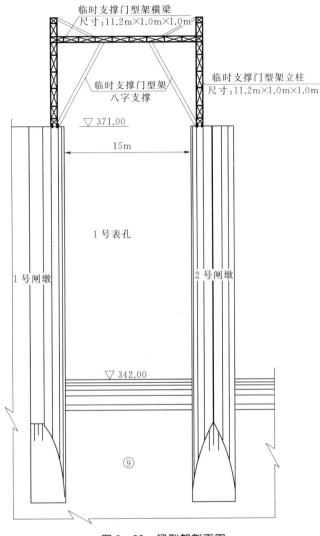

图 9-22 门型架剖面图

混凝土表面将其标示出。

2. 大车行走机构吊装

根据门机门踵中心线（即：门机安装中心线）吊装大车行走机构的四组台车，并将各组行走台车中心与门机安装中心线对齐，调整行走台车，确保锚定装置座板处于水平位置，座板中心跨距满足上下游方向为 27m、左右方向 11m，其中心对角线满足计算要求，之后对各组行走台车用枕木塞垫，用钢结构作支撑与预制梁上预埋的插筋及行走进行焊接，作为行走台车的临时固定（图 9-24）。

3. 下横梁吊装

吊起下横梁，掌握好平衡，根据图纸安装方向要求，对好螺栓孔，按厂家要求的力矩用高强螺栓与行走机构台车锚定装置座板连接。

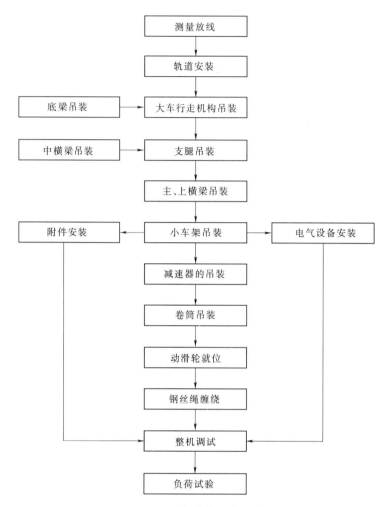

图 9-23 门机安装工艺程序图

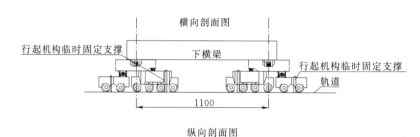

纵向剖面图

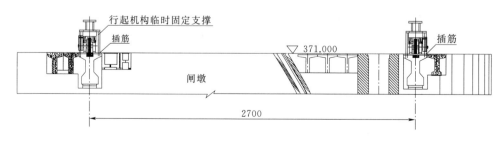

图 9-24 行走机构临时支撑固定剖面图

4. 门踋吊装

门踋吊装按下右（下游右侧）→下左→上右→上左的顺序进行吊装，吊装前，在门踋适当部位加焊临时支撑翼板，当门踋与下横梁就位进行螺栓连接后，用布置在表孔交通桥上的汽车吊吊装已制作好的组合型钢，以门型架为支承与门腿上的临时翼板连接作为临时支撑（图9-25）。

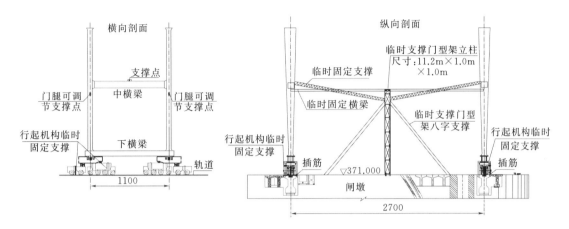

图9-25 门型架支撑门腿安装剖面图

5. 中横梁吊装

在同一侧门踋吊装并做好临时支撑后进行中横梁吊装，吊装前先按照厂家编号将中横梁内连接板置于与门踋连接部位翼板的空腔内，临时对好门踋翼板外部两侧和底面的连接板，然后吊装中横梁，由施工人员从门踋预留的孔洞穿入，对位内、外连接板，按厂家要求的力矩上好连接螺杆。

6. 门机安装中心线复核、横向跨度临时固定梁安装

通过调节支撑杆上的调节器，确保每根门踋上部法兰都处于水平状态，法兰中心跨度满足要求（横向跨度27m，纵向跨度11m），法兰中心对角线满足计算要求，在完成以上工作的基础上，在门机中横梁（靠门踋侧）上方吊装横向跨度临时固定梁，其作用是临时稳固整个门架，为吊装主梁做好准备。

7. 门机主梁吊装

门机主梁是QM2×1600/400kN门机吊最大、最重构件，其长度达到34m，厂家为了方便运输将其分段制作，吊装前主梁需在8号进水口坝段进行组装，并在主梁两端栓系长度约为40m揽风绳，用作吊装时调整主梁的方向，主梁吊装顺序为先右侧后左侧。

（1）在门腿上与横梁配装面下部焊一操作平台，以便于主梁吊装后的对装和焊接工作。

（2）门机主梁运至现场后，先摆正方向，使主梁横向平放在门机一侧，250t履带吊确定好站位，水平吊起主梁至门腿上方，用风绳找正方位，对正厂家预装标记后缓缓落在门腿上，调整主梁与门腿的相对位置，使主梁与门腿连接处的翼板与翼板，腹板与腹板中心线必须相互对齐，其最大偏差不得超过相应板厚的一半。

（3）门架调整合格后，在对接分缝处加焊定位块，并在定位块间加垫片调整焊缝间隙，然后在各面各加焊两块骑马板，以控制焊接时的收缩变形。

（4）门架的焊接按制造厂提供的焊接工艺方案及DL/T 5019—94规范要求进行，严格施焊并控制焊接质量。施焊前认真清理焊道，焊缝坡口及其两侧10～20mm范围内不得残留油渍、水分、和其他污物。

（5）门架焊接时，先焊两侧腹板立缝，再上下翼板平缝。每个门腿上安排两人，两个门腿共四人同时进行施工，焊接时采用同步、对称、分段、退步和多层多道的焊接方式，以减少焊接变形和焊接应力。焊接完成后，全面清理，并按图纸及规范要求进行焊后无损探伤检查和处理。

8. 上横梁吊装

上横梁是主梁之间的纵向联系梁，吊装前先按照厂家编号将上横梁内连接板置于与主梁连接部位翼板的空腔内，临时对好主梁翼板外部两侧和底面的连接板，然后吊装上横梁，由施工人员从上横梁预留的孔洞穿入，对位内、外连接板，按厂家要求的力矩上好连接螺杆。

门机主梁、上横梁吊装完成后，门机行走机构临时支撑固定、门腿临时支撑固定门型架即进行拆除。

9. 小车架机构吊装

吊装小车行走机构的四组台车调整行走台车，确保锚定装置座板处于水平位置，座板中心跨距满足上下游方向为5.5m、左右方向9.15m，其中心对角线满足计算要求，之后对各组行走台车用枕木、钢结构等进行塞垫，做好临时固定。小车架外形尺寸为11.3m×8.7m×1.8m，重量为33.93t，先于8号进水口坝段拼接成整体，在其两侧栓系长度约为40m的揽风绳，然后进行整体吊装，就位时要满足其左右方向的要求。

（1）在现场适当位置布置钢支墩，将台车架分段吊放在钢支墩上进行拼装，拼装前调整车架水平，对正螺栓孔后打入定位销，穿入螺栓进行连接，按设备图纸要求的力矩拧紧螺栓，检查车架平面度和纽曲度应符合设备技术文件的要求。

（2）吊装台车架。用250t履带吊将台车架吊至安装高程，对正小车车轮与轨道后缓缓落在轨道上，检查小车车轮与轨道接触应良好。

10. 起重小车其他部件、构件吊装

小车吊装就位后，接着吊装机房内部件及构件，它们有主起升机构、副起升机构、电缆卷筒、检修葫芦等，然后吊装机房、风速仪和避雷针，至此，整个机房吊装完成。

11. 其他部件安装

根据门机吊装上升的高度，适时投入安装门机电缆绞盘、永久护爬梯、永久护栏等附件；根据门机安装螺栓连接部位，加焊临时通道、平台和护栏等安全防护设施，确保作业人员安全；门机进行调试前，需将相关的临时拆除并补漆。

12. 门机调试

（1）同步、同向调试。门机所有调试工作均在厂家指导下进行，所有机械按要求进行润滑，所有电器设备在接入动力电源前均做绝缘测试，绝缘测试合格方可通电调试，同步、同向调试内容有大车行走机构同步同向、小车行走机构同步同向、主起升机构同步同向，调试均在无载状态下进行，大车行走机构电机左侧、右侧各自同向，左侧与右侧异向；小车行走机构电机上游侧、下游侧各自同向，上游侧与下游侧异向；主升机构同步同向调试满足在同一侧方向观察左、右钢丝绳卷筒转向一致，但在未穿钢丝绳前不允许连接同步轴。

（2）穿钢丝绳。商品钢丝绳需完全破劲，并缠绕卷盘上，将其架起使之能转动；将动滑轮组架起置于坝顶交通桥上，使每个滑轮都没自由转运，没有卡搁；准备一根直径为 4mm，长度不小于 210m 钢丝作为导绳，钢丝导绳一头与备穿钢丝绳连接，一头穿过交通桥面上的临时导向轮→从机房底部孔洞上游侧穿入机房→机房上游侧跨过卷扬卷筒顶部→按要求在动油轮组与定油轮组之间穿导绳→从机房底部孔洞下游侧将绳头穿入机房→最后从下游侧跨过卷扬卷筒顶部在卷筒上缠绕三圈做好固定；利用起升机构动力穿拉钢丝绳，穿拉过程中注意观察绳头牢固情况，发现异常，及时处理；当导绳接头收到卷扬卷筒时，解开导绳将钢丝绳绳头按要求固定在卷筒上，将剩余的钢丝绳盘开，找出另一端绳头，用人工加麻绳方法拉入机房，按要求固定卷筒的另一端，继续运转起升机构，将散状的钢丝绳收起即可；对左、右主起升机构动滑轮起重销轴中心高程进行测量、调节，使其高程一致，此时才可以连接左、右起升机构的同步轴，钢丝绳穿绕方式见图 9 - 26。

13. 门式启闭机负荷试验

起重机安装后，经联合检查验收确认安装质量合格后，即可按 DL/T 5019—94 的要求进行试验，依次进行空载、静载、动载试验和负荷限制试验。

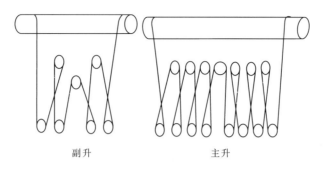

副升　　　　　　主升

图 9-26　主、副升钢丝绳穿绕示意图

在每一阶段试验过程中均应检测各项参数和动作状态，如主梁下垂度，荷载限制器、限位元件、制动器动作的灵敏性和可靠性并做详细记录。

负荷试车配重按双向门机最大试车负荷考虑准备，用混凝土块作为配重。

（1）空载试验。按规范要求对起升机构和行走机构进行运行试验，检查机械和电气设备的运行情况，应做到动作正确可靠、运行平稳、无冲击声和其他异常现象。

1）分别转动大车行走、小车行走和主、副起升机构的制动轮，使传动机构的最后一根轴（如卷筒和行走车轮轴）转动一周，整个传动系统动作平稳，不得有异常声响和卡阻现象。

2）分别开动起重机各个机构，先以低速挡试运转，再以额定转速运转，同时观察各个机构的驱动装置，各部位应工作平稳，无异常现象。

3）沿大车轨道全长、小车轨道全长往返 3 次以上，检查大车、小车的运行情况，主动轮应在轨道全长上接触，从动轮与轨道的间隙不超过 1mm，有间隙区域累积长度不超过 2m。

4）主副起升机构在起升高度范围内以各速度运转数次，检查起升和下降情况。

5）各种开关的试验，主要包括吊钩上下限位开关，栏杆门开关，大车运行终点开关，操作室紧急停开关等。

（2）静载试验。按规范要求，对主、副钩进行静荷载试验，以检验启闭机的机械和金属结构的承载能力。试验荷载依次采用额定荷载的 70%、100% 和 125%。静载试验后，门架和桥架不应产生永久变形，启闭机各部分不能有破裂，连接松动或损坏等影响启闭机的安全和使用性能的现象存在。

1）100% 负荷试验。将额定负荷的荷重吊起距地面 1m 左右，小车在全行程上运行 3～4 次后放下荷重。然后进行桥架下挠度测量。架好测量桥架弹性变形量用的钢丝线，在跨度中心位置测量出钢丝线到主梁顶面的垂直距离 h_1，再将额定起重量的试重块吊起 100mm 左右，悬停 10min，测量钢丝线到主梁

上面的距离 h_2，放下试重块，测量钢丝线到主梁上平面的距离，如仍为 h_1，说明桥架为弹性变形。

2）125％静负荷。小车停在桥架中间位置，将125％额定负荷的荷重吊起100mm 左右，悬停 10min，并用桥架下挠度测量的方法测量桥架变形量，然后放下试重块，桥架应无永久变形。详细记录测量的桥架变形量。

试验后全面检查金属结构的焊接质量和机械连接质量，并检查电动机、制动器、卷筒轴承座及各减速器等的固定螺栓有无松动现象。

3）动荷载试验。试验荷载依次采用额定荷载的 100％和 110％。试验时各机构应分别进行，当有联合动作试运转要求时，应按施工图纸、设计要求和监理人的指示进行。试验作重复的启动、运转、停车、正转、反转等动作三次，延续时间至少 1h。各机构应动作灵活，工作平稳可靠，各限位开关、安全保护联锁装置等的动作应正确可靠，各零部件应无裂纹等损坏现象，各连接处不得松动。

荷载试验与检验在厂家指导下进行，完成后报请地方特种设备检验部门进行检验，检验合格方可投产。

第三节　实际施工方案与施工方法的优点与缺点分析

溢流坝表孔金属结构安装工程原方案分 2 个阶段安装，其中第一阶段安装 12 号坝段 6 号、7 号孔弧形闸门，利用 M900 塔机进行吊装，70t 汽车吊辅助吊装；第二阶段利用安装调试好的 2×1000kN 双向门机进行吊装 9 号～11 号坝段 5 孔弧形闸门及 2 扇检修闸门，埋件均采用 M900 塔机吊装。实际安装方案是利用布置在溢流表孔 371.00m 高程的 WJQ120t 架桥机进行安装。

坝顶 2×1000kN 双向门机原方案采用宝鸡梁搭设临时吊装钢平台，用 250t 履带吊和 150t 履带吊进行吊装。实际安装中吊装选用 250t 履带吊进行吊装，在 9 号坝段及 1 号闸墩顶部布置吊装设备，在 1 号表孔上进行安装。

在表孔金属结构安装实际施工中，对安装方案做了重大调整，在吊装设备、安装程序上均进行了优化，主要体现在以下几方面。

一、吊装设备选择方面

溢流表孔闸门安装工程由于受交通、结构及现场布置条件的制约，且表孔闸门结构尺寸大、单元吊重重，门、塔机由于受最大起重载荷限制，且现场不具备安装布置条件。根据其他工程施工经验，经研究论证选用反托轮式架桥机作为表孔弧形工作闸门及事故检修闸门安装的吊装设备，解决了表孔特大型闸门安装中单元吊重大、就位困难的施工难题。

优点有以下几个方面：

（1）架桥机结构简单，运输安装较易，布置灵活、起重荷载量大。

（2）可双钩起重吊装，安装对位准确、精确、安全。

（3）可 2 孔同时安装，安装进度快。

缺点有以下几个方面：

（1）需根据闸门安装孔数进行多次移设。

（2）吊装支铰需向下游铺设较长的行走轨道。

二、安装程序方面

根据闸门结构及现场实际施工条件，门、塔机均无法实施吊运安装，且交通运输道路仅有左岸坝顶，故实际吊运安装程序为在左侧电梯井坝段及 1 号表孔上拼装架桥机，从左侧 1 号表孔往右逐孔或 2 孔进行安装，5 号表孔下游受塔机占用，支铰无法安装，前期先安装 1 扇检修闸门临时挡水，待塔机拆除后最后安装 5 号孔弧形闸门。

其优点有以下几个方面：

（1）为架桥机安装创造了条件。

（2）每孔闸门吊装后为该孔交通预制梁吊装创造条件，交通预制梁的吊装后为下 1 孔或 2 孔提供架桥机受料和闸门翻身条件。

（3）可 2 孔闸门同时进行拼装，加快了安装进度。

缺点：每孔交通预制梁吊装后需采取临时加固措施，顶面需进行钢筋网或枕木铺盖，使其具备交通条件。

三、主要设计变更方面

溢流坝双向门机原设计为 $2 \times 1000 \mathrm{kN}$，实际安装施工中设计更改为安 QM2×1600/400kN。

第四节　经　验　及　体　会

沙沱水电站大坝溢流表孔由于受结构及现场布置条件限制，表孔闸门及坝顶双向门机难以按以往常规方法进行吊运安装，首次通过引进采用反托轮式架桥机作为闸门安装的主要吊装设备等新工艺措施，用 5 个月时间完成了 7 孔表孔的闸门安装工程，节约工期 3 个月，为工程的安全度汛提供了保障，为电站发电奠定了坚实的基础。攻克了在表孔上安装特大型坝顶门双向机支撑、固定的难题，为类似条件下的闸门安装工程施工积累了成功的经验，在其后所承担的观音岩电站、梨圆电站、黄金坪电站的表孔闸门安装中均得到了较好的应用。主要经验及体会如下以下两方面。

（1）沙沱水电站溢流表孔闸门安装工程由于受交通、结构及现场布置条件的制约，且表孔闸门结构尺寸大、单元吊重重，属国内特大型闸门之一，在吊装设备的选择上是难题，门、塔机由于受最大起重载荷限制，且现场不具备安装布置条件。根据其他工程施工经验，经研究论证选用反托轮式架桥机作为表孔弧形工作闸门及事故检修闸门安装的吊装设备，解决表孔特大型闸门安装中单元吊重大、就位困难的施工难题，以及半支腿与下支臂拼装整体吊装的工艺优化，达到安装精确、安全、快速的目标，为类似水电建设工程施工提供了宝贵施工经验。

（2）坝顶 QM2×1600/400kN 双向门机跨度大，上、下游跨度（轨距）达27.00m，安装总高度达到 36.37m，最重部件主梁Ⅰ重量为 53.32t。由于受安装场地限制，经论证在 1 号表孔上进行门机的安装，在表孔上安装，门腿吊装后无法采用常规的支撑结构及缆风绳固定、调节方法，经论证采用门形架及相应连接桁架作为坝顶门机门腿支撑调节、固定装置，达到了安全、精确安装的目标，为类似工程安装提供了施工经验。

第十章 纵向混凝土围堰拆除工程

第一节 纵向混凝土围堰拆除工程概况

一、围堰的相对位置和形状

沙沱水电站工程施工导流方式为分期导流，在河床修筑纵向混凝土围堰后，前期选用左岸明渠导流，中、后期采用在坝体上预留导流底孔、缺口导流。

纵向混凝土围堰从上游往下游分Ⅰ区、Ⅱ区、Ⅲ区，Ⅱ区前期做子堰挡水施工右岸坝体及右侧消力池，右岸坝体及消力池形成后在消力池底板上修筑Ⅱ区纵向混凝土围堰，下游与Ⅲ区相接、上游与坝体相接，利用右岸坝体上预留导流底孔、缺口导流，施工左岸。需要爆破拆除纵向围堰长度为340m、横向围堰130m。其平面相对位置关系见图10-1。

需要拆除的纵向围堰其横断面形状为梯形，顶宽1.5m，底宽6～12m，高度9～12.6m。分两区多次多层爆破，采用中深孔与浅孔相结合的爆破方式进行爆破拆除。具体形状用平面、剖面表示见图10-2。

需要拆除的横向围堰其断面形状为梯形，顶宽10.0m，底宽：A区19.6m，B区17.2m。高度：A区14.0m，分上、下两段拆除，上段8m，下段6m；B区6.0m，一次性进行爆破拆除。总长度132.54m，其中A区79.0m，B区53.54m。其中Ⅱ区围堰长126.4m，堰顶高程303.00～306.9m，底部为消力池底板及消力池尾坎，高程为287.0m，上游接溢流坝溢流台阶面，拆除高度0～19m，爆破拆除总方量约1.4万m³。

二、混凝土围堰拆除工程量

拆除体为素混凝土围堰拆除爆破工程，由于在河床中施工，水面以上拆除高度8～10m，水面以下拆除深度6～7m。按设计图纸的平面长度和剖面面积计算，混凝土拆除爆破工程量为3.13万m³，其中Ⅱ区围堰长126.4m，堰顶高程303.00～306.9m，底部为消力池底板及消力池尾坎，高程为287.0m，上游接溢流坝溢流台阶面，拆除高度0～19m，爆破拆除总方量约1.4万m³（表10-1）。

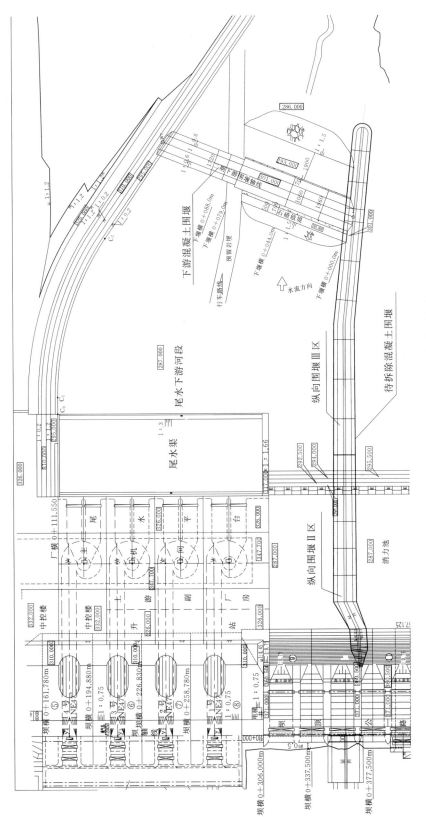

图 10 – 1　沙沱水电围堰爆破拆除与保护对象关系图

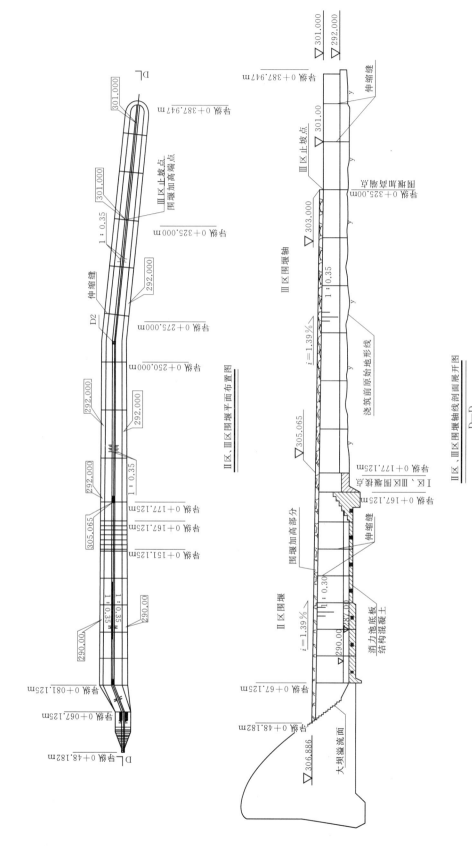

图 10－2 纵向围堰平面及展开图

表 10-1	纵向混凝土围堰拆除工程量表	
工程区域	工程量/m³	备注
纵向Ⅲ区 292m 以上	9953	C15 常态
纵向Ⅱ区 290m 以下	4095	碾压
纵向Ⅱ区 290m 以上	9040	C15 常态
纵向Ⅱ区、Ⅲ区加高	840	C20 泵送
合计拆除工程量	31280	

三、工程要求

（1）工期要求。导流底孔下闸前拆除完成纵向围堰Ⅲ区及Ⅱ区 295.00m 高程水面以上部分，Ⅱ区 295.00m 高程以下部分需在工程下闸蓄水后的 6d 内爆破拆除并清理完成，以确保溢流表孔泄洪安全。

（2）质量要求。按照保护对象的要求，施工质量达到合格。

（3）安全要求。要确保整个工程中安全无事故，应在施工的每个环节都要做好安全教育、安全措施、应急预案等一系列安全防范和落实好保障措施。

四、工程特点

（1）爆破难度大，堰体右侧消力池有 4.0m 深的水，底部为消力池护坦，上游接坝体溢流台阶面，下游接消力池尾坎，均为与永久建筑结构混凝土层面结合，爆破拆除不能损伤建筑物结构。

（2）近区混凝土的爆破安全控制困难，爆破区距厂房右边墙 49.5m、距 4 号机组中心 75.73m、距消力池右边墙 85.5m、距上游帷幕线 61.63m，高差 14.5m，爆破震动控制要求高，且需要尽量避免飞石或滚石破坏周边建筑物。

（3）钻孔控制难度大，与尾坎台阶面及坝体溢流台阶面结构混凝土的围堰底部斜面预裂孔精确度要求高，钻孔控制困难。

（4）Ⅱ区围堰 295m 高程以下一次爆破工程量大，拆除方量 1 万多 m³，按工期要求在下闸后需一次性爆破拆除完成。

（5）工期紧，纵向混凝土围堰Ⅱ区能否在工程下闸后 6d 内拆除完成关系到本工程的泄洪安全。

五、环境状况与施工要求

（1）下游围堰拆除时 1~4 号机组正在安装以及二区混凝土正在浇筑。

（2）升船机坝段混凝土浇筑在不断上升。

（3）纵向围堰建在表孔溢流面、消力池底板和消力池尾坎等永久建筑物上（围堰与其为零距离），爆破拆除围堰这些建筑物不能受损伤。

（4）下游沙沱大桥存在建筑质量问题，交付使用时未进行验收，不能对其产生过大的震动影响，应确保其运行安全。

（5）下游彭水水电站枯水区蓄水发电使沙沱水电站尾水位维持在 292.5m 高程，要求沙沱水电站 2013 年 4 月下闸蓄水之前将围堰Ⅲ区的全部、Ⅱ区 295m 高程以上部分爆破拆除完毕。

（6）Ⅲ区和Ⅱ区围堰爆破时，要求爆破及松碴尽量向围堰左侧抛掷，而尽量不向右侧抛掷，以便清碴。

（7）尽量控制飞石方向，尤其要在消力池底板上铺 0.6m 以上厚度堆碴，保护好消力池底板，不允许被飞石破坏。

六、各构筑物允许震速的取值防护标准

（1）安装中的机组及副厂房的机电控制设备统一取低值，按照 2.5cm/s 控制。

（2）厂房下游防渗帷幕已经达到强度，按照 4.0cm/s 控制。

（3）升船机坝段混凝土浇筑在不断上升，爆破应安排在停止浇筑的间歇区进行，因此可按照 3.0cm/s 控制。

（4）下游沙沱大桥参照本地区的地震烈度可按照 1.0cm/s 控制。

（5）表孔溢流面、消力池底板和消力池尾坎与被拆除的围堰为零距离，用爆破震动速度控制爆破危害对其影响已丧失实际意义，必须采用预裂爆破技术，防止主炮孔爆破对上述各保护对象的损伤。

七、保护对象的震速控制

1. 纵向围堰Ⅲ区

（1）距下游帷幕 42.5m——允许震速 4.0cm/s。

（2）距升船机坝段 135.5m——允许震速 3.0cm/s。

（3）距 4 号机中心线 95.0m——允许震速 2.5cm/s。

（4）距 4 号机副厂房 95.0m——允许震速 2.5cm/s。

（5）距沙沱大桥 241.3m——允许震速 1.0cm/s。

2. 纵向围堰Ⅱ区减震槽范围内

（1）距厂房右帷幕 34.7m——允许震速 4.0cm/s。

（2）距大坝下游帷幕 11.05m——允许震速 4.0cm/s。

（3）距 4 号机中心线 70.85m——允许震速 2.5cm/s。

（4）距 4 号机副厂房 44.5m——允许震速 2.5cm/s。

（5）距沙沱大桥 527.9m——允许震速 1.0cm/s。

3. 纵向围堰Ⅱ区减震槽范围外的特殊堰段

消力池底板和消力池尾坎与趾墙范围的堰段、导纵 0+67.125m 至大坝泄

洪表孔，这些都是与需要保护的永久水工建筑物为零距离，必须进行预裂爆破或采用炮机、风镐等其他方法才能解决。

4. 下游横向围堰

（1）距厂房右帷幕 173.9m——允许震速 4.0cm/s。

（2）距大坝下游帷幕 185.65m——允许震速 4.0cm/s。

（3）距 4 号机中心线 224.6m——允许震速 2.5cm/s。

（4）距 4 号机副厂房 233.8m——允许震速 2.5cm/s。

（5）距沙沱大桥 268.8m——允许震速 1.0cm/s。

第二节　纵向混凝土围堰拆除具体施工方案及方法

一、爆破试验

1. 沙沱电站Ⅱ、Ⅲ期纵向围堰爆破试验的目的

（1）通过爆破试验确定预裂爆破参数。

（2）爆破试验确定围堰主炮孔单耗、装药结构、和主炮孔定向抛掷实际效果。

（3）考察预裂孔的预裂效果和试验，确定主炮孔爆破对下部保护体的损伤程度。

（4）通过爆破试验确定主炮孔底距预裂孔的距离。

2. 沙沱电站Ⅱ、Ⅲ期纵向围堰爆破试验爆破范围

沙沱电站Ⅱ、Ⅲ期纵向围堰爆区长度：导纵 385.414～365.414m，轴向长度共 20m，爆区高度从高程 301～295m，垂直高度为 6m。上底为 1.5m，下底为 5.7m。

3. 预裂孔爆破设计

（1）孔径 100mm，用 YQ—100B 钻机，在高程 295m 处架设的作业平台，使作业人员钻孔更安全，同时每名作业人员要佩戴安全带和安全帽，确保施工过程中的安全。

（2）孔深 4.9m，孔底留 0.8m。

（3）孔距 100cm，共钻 20 个炮孔。

（4）线装药密度分为 2 种。①其中一种为 280g/m，将 300g 乳化炸药均分位 3 节，每 36cm 间隔在竹片上捆一节炸药。②另一种为 340g/m，每间隔 29cm 捆一节炸药，每 10 个孔试验一种线装药密度。

（5）装药结构，每节药卷长 10cm，重 100g，在竹片中全长敷设导爆索，将每节装药按上述两种不同的间隔用胶带捆在竹片上，在每孔的孔底多装一节

100g 装药卷加强装药，孔口留 0.8m 长度堵塞。

（6）起爆网络。靠下游方向的 7 个炮孔，用 1 段的普通毫秒导爆管雷管起爆。靠上游方向的 7 个炮孔，用 4 段普通毫秒导爆管雷管起爆。靠中间方向的 6 个炮孔，用 3 段普通毫秒导爆管雷管起爆。

4. 主炮孔爆破设计

（1）孔径为 100mm，用 YQ—100B 钻机进行钻孔。

（2）孔深：两种孔深分别为 5.4m 和 5.6m，从标高 301m 围堰顶部向下钻 85° 的斜孔。

（3）炮孔布置：两个炮孔为一排，排面与围堰轴线呈 60° 夹角，当两孔同段爆破时，可极大减少向围堰右侧抛碴，形成向左岸的抛掷，有利于清碴。

（4）孔距 a：两个炮孔在沿与围堰 60° 沿斜线方向上相距 75cm 向下钻孔，向两侧与水平呈 85° 夹角钻孔。

（5）排距 b：根据 a 值选择 $b=0.26$m 共布 8 排孔。

（6）单孔装药量 Q。①靠右岸的孔深 5.4m 布置 g_1 装药量，g_1 计算：$Q_1=11.2$kg/孔，装药 $\phi70$mm 卷药，每卷重 1.5kg，长 40cm 装药 7.5 卷装药高度 3.0m。②靠左岸的孔深 5.6m 布置 g_2 装药量，g_2 计算：$Q_2=12.6$kg/孔，装药 $\phi70$mm 卷药，每卷重 1.5kg，长 40cm 装药 8.5 卷装药高度 3.4m。

（7）起爆网络，同排两孔同段共 8 段，每孔装 1 发雷管，用依可赛系列雷管 2～9 段，逐排起爆。

（8）填塞，每个炮孔填塞高度 2.6～3.0m，不宜过小。

5. 沙沱电站Ⅱ、Ⅲ期纵向围堰爆破效果观察

（1）爆破参数，当实验区爆破清碴后，在清理干净的预裂面上检查平整度和半边孔迹率，决定后期（Ⅱ期）围堰选用的预裂爆破参数。

（2）抛掷效果，从 20m 长围堰爆破范围内左右侧岩渣抛掷情况检验，斜向抛掷方案的技术效果。

（3）爆破所需单耗，从爆区范围内岩渣的块度和是否过度抛掷情况，决定合理的单耗。

6. 保护区损伤检测

（1）检测的目的。探明主炮孔爆破对消力池底板损伤程度，同时也为确定主炮孔孔深和预裂孔的爆破参数提供可靠依据，爆破前在爆区 295m 高程，钻凿向下倾斜，两组检测孔，每组 3 个孔，孔径为 50mm，孔深为 1.5m，孔距为 1.0m。

（2）检测孔布置。共钻 2 组检测孔，在 20m 长得预裂面内与适当位置布置，每组检测孔 3 个，其孔距各为 1.0m 和 2.0m，向下钻垂直孔，孔深

2.0m，孔径 50mm。

（3）损伤检测内容。①使用炮孔摄像头，观察孔壁的裂缝裂纹分布情况（爆后）；②使用声波探测仪进行声波对穿试验（爆前及爆后）。测试从孔口至孔底混凝土体的声速变化情况。从以上两方面判断混凝土受爆破作用后的损伤程度。

二、减震槽开挖

1. 减震槽开挖的目的

减震槽开挖的目的：纵向围堰爆破开挖时产生爆破震动都经过Ⅱ期围堰传至大坝，4号机组和下游帷幕等保护对象。如在Ⅱ期围堰的上游端开挖减震槽，则能有效地降低爆破地震对上游各保护对象的影响和危害。

2. 开挖的位置

位置：导纵 0+065.925m～0+067.125m。

3. 减震槽开挖的宽度和范围

（1）减震槽开挖的宽度，考虑施工开挖方便，减震槽开挖的宽度为1.2m，不能破坏和损伤大坝溢流面。

（2）减震槽开挖的开挖范围，从高程 306m 开挖至高程 287m，为确保在Ⅲ期和大部分Ⅱ期围堰仍有隔水作用，在减震槽的右侧下部留 8m 高岩坎，其上宽和下宽分别为 2.0m 和 3.5m，该岩坎待不需要挡水时拆除。

4. 开挖方法

（1）用浅眼钻孔爆破方法和长臂液压破碎锤破碎相结合的方法开挖，开挖时尽量向围堰的左侧排渣。

（2）按常用的浅眼钻爆法进行开挖，孔径为 40mm，炮孔深度为 1.5～2.0m，孔距为 1.1m，排距为 1.0m，单耗为 $g=0.45\text{kg/m}^3$，1.5m 深的炮孔，每孔装药 0.75kg，2.0m 的炮孔每孔装 1.0kg。因距各保护对象太近。使用依可赛系列雷管逐孔起爆。

（3）浅眼钻爆法开挖时，要在下游廊道中布置 4～5 个测震点，以观测浅眼爆破震动对下游帷幕的影响。

三、爆破方案

（一）爆破总体方案

纵向围堰爆破开挖时产生爆破震动都经过Ⅱ期围堰传至大坝，4号机组和下游帷幕等保护对象。为了有效地降低爆破震动对上游各保护对象的影响和危害，在Ⅱ期围堰的上游端开挖减震槽。

对纵向、横向围堰拆除爆破时主炮孔布孔方式进行了对比和选择，采用水平炮孔时必须沿着围堰轴线全长分层搭建凿岩台架，工程量大成本高；且每钻凿完一个炮孔钻机就得在台架上移位一次，十分不便。而采用垂直炮孔时不必分层搭建凿岩台架，且钻机在围堰顶部上移位时也比较方便。爆破时围堰左右岸的临空面位于主炮孔的两侧，更有利于爆破块度和抛掷方向的控制。因此，最终确定采用垂直炮孔。

（二）主爆孔爆破方案

1. 爆破方法

采用依可赛高精度长延期导爆管中深孔微差爆破方法，采用孔内分层装药结构、孔内同段起爆技术，所有炮孔孔深 $H=8\sim12\mathrm{m}$。

对于爆破后的大块，及时采用爆破法、机械法（大型液压破碎锤破碎）进行二次破碎，以便于机械装运。

2. 装药结构

全部采用孔内分层装药结构，在炮孔全长敷设导爆索至孔口，起爆药包放在上层及下层装药层药包中间。

3. 起爆网路

为控制爆破震动，使用依可赛高精度长延区导爆管雷管，其段间延期时间间隔大都在100ms或100ms以上，使各段间地震波不产生叠加，有利于爆破震动的控制。采用逐排逐段的起爆方式；每排一段，孔外导爆管采用"簇联"加短导爆索的方式联结，用电雷管起爆。

（三）Ⅱ区围堰和特殊堰块的预裂爆破

炸药在炮孔内爆炸时，产生强大的冲击波和高压气体并猛烈地冲击炮孔四周的岩体，使得周围的岩体破碎或开裂。当在有限的轮廓范围内进行爆破时，可形成平整的预裂面。预裂面的形成有两个重要作用：一是防止主炮孔爆破时，炮孔孔底所形成的爆破裂隙向下发展延伸，而导致Ⅱ区围堰287m高程以下要保护的混凝土基础损伤或破坏，这对今后发电后电站的安全运行十分重要；二是预裂爆破是在主炮孔爆破之前进行，完整的预裂面能有效地阻隔主炮孔爆破地震波向大坝、下游帷幕、4号机组等保护对象传播，极大地削弱爆破地震波的危害程度。预裂爆破就是为使相邻水工建筑设施不被损坏而采用的一种爆破技术。这种爆破技术利用密钻孔少装药的方法（即不偶合装药）预先沿设计的轮廓线爆出一条具有一定宽度的裂缝，以达到上述目的。

（四）特殊堰块爆破方案

1. 拆除爆破范围

纵向Ⅲ区围堰与纵向Ⅱ区围堰之间的消力池尾坎与海漫特殊堰块从导纵 0+151.125m 至导纵 0+177.045m，共 25.92m 长；它由 16m 长的消力池尾坎和 9.92m 长的海漫两部分组成。其要求的爆破高度从 305m 高程的堰顶分别拆除至 296m 和 292m 标高，拆除高度分别为 9m 和 13m。

大坝溢流面处的特殊堰块从导纵 0+67.125m 至导纵 0+48.182m，共 18.943m 长；其要求的拆除爆破高度从 306.885m 高程的堰顶分别爆破至大坝的溢流面，炮孔底部的高程不等。

2. 拆除爆破要求

因水电站蓄水发电后消力池尾坎和海漫，以及大坝的溢流面要长期经受大坝溢流水流的冲刷，要求拆除爆破不能破坏或损伤消力池尾坎、海漫和大坝的溢流面的表面。因此如要进行中深孔爆破，就必须先进行预裂爆破，或者使用浅孔爆破加炮机机械破碎的方法，才能有效地不损伤各保护对象。

3. 拆除爆破方案

（1）消力池尾坎海漫特殊堰块上部爆破。拆除高程从 304～305m 爆破至 296m，拆除长度 25.92m，钻孔深度 4～7m，在消力池尾坎与海漫上方共布置 26 个预裂孔。

（2）消力池尾坎海漫特殊堰块下部爆破。特殊堰块下部爆破分为两部分，一是消力池尾坎部分要从 296m 拆除至消力池尾坎台阶状的各台阶面，因这部分内部结构复杂，宜以机械破碎为主、浅孔爆破为辅的方法；二是海漫部分要从 296m 高程爆破至 292m 高程，爆破高度 4m。海漫部分应使用浅孔爆破，每次爆破孔深 2.0～2.5m，每次钻孔时孔底距离最终平面应有 0.5m 左右距离，用炮机破碎以保护最终混凝土面免受爆破损伤。

（3）大坝溢流面的特殊堰块爆破。使用浅孔加冲击锤破碎方法可很好地适应各炮孔底部高程的变化和混凝土大坝溢流面免受爆破损伤。

（五）Ⅱ区围堰 295m 高程以下爆破拆除

1. 拆除范围

沙沱水电站纵向混凝土Ⅱ区围堰 295.0m 高程以下长 109.44m，底部高程消力池底板部位为 287.0m，消力池尾坎部位为 287.0～294.0m，坝体部位为 287～294.6m；范围为导纵 0+055.182m～导纵 0+164.625m。拆除工程量为 8951m³。计划在下闸前进行爆破，下闸后立即进行清除。混凝土围堰能否按期进行拆除关系着沙沱电站工程节点工期是否能够实现，第一台机组是否能够顺利投产发电。

2. 爆破拆除施工技术

围堰底部采用预裂爆破；主体采用钻水平孔和竖直孔结合的钻孔爆破方式；在爆破炸药单耗选取中，以松动为主，一次爆破至拆除高程的爆破方案。

（1）布孔：布孔由爆破工程师和测量技术人员进行。布孔的原则是：按照爆破设计参数正确标注每个孔的孔深、倾角及方向。在围堰体型变化大的地方，要根据现场实际情况微调孔位，调整时要注意抵抗线、排距和孔距之间的关系。当情况复杂时，要注意抵抗线的变化，特别是防止因抵抗线过小而出现飞石事故。

（2）钻孔：顶部钻四排竖直孔，两侧孔与水平面呈82°角；承台处钻一排水平主爆孔，距消力池或坝体结构线30cm钻一排预裂孔。在进行钻孔作业时，要把质量放在首位，钻孔就是为了给爆破提供高质量的炮孔，孔深、角度、方向都满足设计要求，布孔见图10-3。

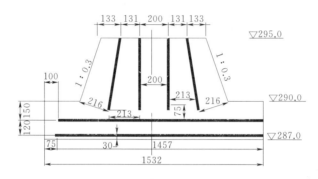

图10-3 纵向混凝土Ⅱ区围堰295m高程以下钻孔布孔图

（3）检查验收：炮孔检查是指检查孔深和孔距。开孔孔距一般都能按设计参数控制，因此炮孔的检查，主要是炮孔深度的检查和倾角。孔深的检查，分三级检查负责制，即打完孔后个人检查、接班人或班长抽查及专职检查人员验收。

（4）炸药搬运：炸药搬运除了要遵照《爆破安全规程》（GB 6722—2003）对搬运过程的有关规定外，还要注意以下几点：搬运时要做到专人指挥，专人清点不同品种的炸药，做到按品种、数量运到炮孔周围。搬运炸药要做到轻拿轻放。汽车搬运炸药时，要有专人指挥车辆的移动，车辆移动前要鸣号示警，然后才能移动。人工搬运时，道路要平整，防止跌倒或扭伤。炸药搬运以后，要根据爆破设计核对爆区总药量，如有差错，及时采取措施。

（5）装药：爆区装药量核对无误，应在装药开始前先核对孔深、再核对每孔的炸药品种、数量、然后清理孔口，做好装药准备，核对雷管段别，装药时炸药应避免与钻孔混凝土渣接触，保持装药顺畅。

（6）堵塞：采用偶合装药时，装药量严格按设计要求执行，装药量控制及填塞长度、密实度由专人负责，填塞长度满足设计要求。填塞物用砂和钻孔石粉；水平预裂孔需采用黄土进行堵塞。堵塞方法：逐层压实。填塞时要防止导爆管被砸断、砸破，填塞的长度应按设计要求，不得用石头、木桩堵塞炮孔或代替充填物，以防飞石远抛事故。

（7）联网：导爆管等要留有一定富余长度。网路的连接应在无关人员撤离爆区以后进行，联好后，要禁止非爆破员进入爆破区段。网路连接后要有专人警戒，以防意外。最后电雷管引爆时，将导线擦去氧化层再接线，并用胶布裹紧。整个网路连接完毕，应由爆破技术负责人、现场爆破工程师对网路进行最后检查。

（8）爆破：下闸前对该部分围堰进行爆破拆除。

（9）出碴：在爆破后，下闸前采用 1.6m³ 挖掘机装碴，20t 自卸汽车出碴，尽可能多的将碴运至左岸上游水淹坝弃碴场；下闸后把 1 台 1.7m³ 装载机和 1 台 1.6m³ 挖掘机放在消力池内，将碴清理至消力池尾坎下游深槽处。

3. 爆破设计

（1）爆破参数设计

1）主要爆破参数。钻孔直径 D：岩体较厚部位采用 YQ—100B 宣化钻钻孔，钻孔直径 $D=90mm$；炮孔间排距：采用 YQ—100B 宣化钻造孔，顶部四排竖直孔距两侧临空面 1.33m，中间两排排距 2m，两侧孔与中间相邻孔排距 1.31m；间距均为 2.5m；水平主爆孔一排，间距 2m。孔深 L：孔深根据炮孔所在位置的堰体厚度决定。炸药：药径 70mm 的 2 号岩石乳化炸药；孔口堵塞长度：孔口堵塞段采用袋装砂或黄泥，靠厂房侧一排竖直主爆孔堵塞长度 2.5m，靠右岸侧一排竖直主爆孔堵塞长度 1.5m，中间两排竖直主爆孔堵塞长度 2m。炸药单耗 K'：本次爆破为露天大体积混凝土爆破，混凝土强度和硬度相当于中硬岩石，炸药单耗在 0.67kg/m³ 左右，考虑到围堰拆除特殊性和整体松动爆破的要求，故炮孔选择相同的单耗，一般单耗取 $K'=0.6\sim 0.7kg/m³$。

2）预裂爆破参数。预裂孔的爆破参数如下：钻孔设备：YQ—100B 宣化钻；钻孔直径：90mm；钻孔间距：0.8；线装药密度：$ql=500g/m$；炸药：药径 32mm 的 2 号岩石乳化炸药；孔口堵塞长度：2m；孔底 2m 处装药 2000g。装药结构：把每米装药量形成药卷，绑在竹片上，药卷与药卷之间用双导爆索连接。绑好的竹片和药卷一起插入炮孔，使药卷位于炮孔中央位置，一定要插到炮孔底部。堵塞不能造成药卷被压向孔底或者在炮孔内弯曲的现象。

3）药量计算。炮孔装药量按下式计算，

单孔装药量：

$$Q=K'aWH \text{ 或 } Q=K'abH$$

式中　Q——单孔装药量，kg；

K'——单位用药量，kg/m^3；

a——孔距，m；

W——最小抵抗线，m；

H——装药长度，m；

b——排距，m。

由于围堰的拆除底高程不同，相应的装药量也不同。

预裂孔用药量计算：

$$Q_{光}=q_{光}L$$

式中　$Q_{光}$——预裂孔单孔装药量，kg；

$q_{光}$——预裂孔线装药密度，kg/m；

L——预裂孔装药长度，m。

（2）起爆网路设计和爆破器材选择。起爆网路是爆破成败的关键，因此在起爆网路设计和施工中，必须保证能按设计的起爆顺序、起爆时间安全准爆。且要求网路标准化和规格化，有利于施工中连接与操作。沙沱水电站纵向混凝土围堰采用普通非电塑料导爆管起爆系统。

1）网路设计原则。①起爆网络的单段药量满足振动的安全要求。根据周围建筑物允许振速，由爆破震动速度公式反算允许单段药量，单段药量按单孔单响起爆可以满足安全要求。②在单段药量严格控制的情况下，同一排相邻孔尽量不出现重段和串段现象。③整个网络传爆雷管全部传爆，或者绝大部分已经传爆，第一响的炮孔才能起爆。④万一同排炮孔发生重段或串段，最大单段药量产生的振动速度值不超过10cm/s的校核标准。⑤合理安排起爆顺序，尽量多地将爆碴沿围堰轴线向下游抛掷。因此起爆点选择在围堰下游侧，下游侧首先起爆，然后依次向上游传爆。

2）雷管时差选择。①孔间传爆雷管的选择。在单段药量严格控制的情况下，同一排相邻段不能出现重段和串段现象的。当同排接力雷管延期时间小于起爆雷管误差时，则有可能出现重段，甚至出现同一排设计先爆孔迟后于相邻设计后爆孔起爆的情况。选择：MS2做段间雷管，局部采用MS3段进行间隔。②排间传爆雷管的选择。在考虑起爆雷管延时误差的情况下，必须保证前后排相邻孔不能出现重段和串段现象，杜绝前排孔滞后或同时于后排相邻孔起爆。因此排间雷管的延时误差应尽可能小于孔间雷管的延时。根据孔间选择MS3段，局部采用MS2段的情况。排间雷管应选择稍大一些。选择：MS5段做排间雷管。③起爆雷管的选择。为防止由于先爆炮孔产生的爆破飞石破坏起爆网路，对于孔内雷管的延期时间必须保证在首个炮孔爆破时，接力起爆雷管已经完全传爆或者绝大多数已经起爆。这就要求起爆雷管的延时尽可能长些，但延时长的高段别雷管其延时误差也大，为达到排间相邻孔不串段、重段，同一排相邻的孔间尽可能不重段的目的，高段别雷管的延时误差不能超过排间接力传爆雷管的延时值，对单段药量要求特别严格的爆破，高段别雷管的延时误差还不能超过同一排孔间的接力雷管延时值。排间雷管选择 MS5，段间雷管选择 MS2，综合考虑，孔内延时雷管选择 MS15 段。选择：MS15 段做孔内延时雷管。

3）起爆方案。为减小爆破冲击力对坝体或消力池尾坎的影响，采用从中间向两侧的引爆方式。

4）网路连接和保护。起爆网路的防护是爆破成败的一个很重要环节，首先严格联网制度，由经培训的爆破人员联网，并有主管技术工程师负责网路的检查，所有接力雷管必须保护。覆盖等防护施工不能影响到已经完成的起爆网路的安全。接力雷管采用胶管包裹或者覆盖保护。

联网过程跟班检查。在联网中，每班应有专人随后检查，检查雷管段数是否正确、捆扎是否牢固及是否有偏联。

联网后分排检查，由主管技术工程师两人一组进行。

总检查，联网防护全部完成后，由专门技术人员从头到尾进行检查，重点检查是否防护牢固及是否漏接。

5）其他爆破器材选择。①炸药选择及防水处理。本次拆除属于半水下爆破，由于水压的存在，普通岩石炸药爆破有可能不完全，也就是说炸药的能量可能得不到充分作用。因此，选择的炸药应能在水压力下完全爆炸。为获得最佳爆破效果应选择与被爆的介质声阻抗相近的炸药，即应选择高爆速、高密度炸药。对炸药的基本要求是：炸药密度大于 $1100\mathrm{kg/m^3}$，炸药爆速在 $4500\mathrm{m/s}$，作功能力大于 $320\mathrm{mL}$，猛度大于 $16\mathrm{mm}$，殉爆距离大于两倍的药径。药卷采用乳化炸药。乳化炸药具有抗水（3d）、抗压（$3\mathrm{kg/cm^2}$）性能，起爆（起爆 8 号雷管感度）传爆（连续传爆 25m）性能好。对选择的炸药还应进行相应的 5d 抗水性能试验。炸药的抗水、抗压试验应由厂方完成，现场只需做炸药、雷管的浸水殉爆试验、导爆索抗水试验。②其他爆破器材选择。导爆索采用防水型导爆索，同时也应进行相应的 5d 抗水性能试验。

6）主要爆材。纵向混凝土Ⅱ区围堰 295.0m 高程以下爆破拆除主要爆材计划见表 10-2。

4. 爆破安全防护设计

为保证大坝、厂房、消力池和大坝帷幕灌浆区等保护物的安全，除了在爆破设计上充分考虑减震外，还应对周围的保护物进行安全防护。

表 10-2　　纵向混凝土Ⅱ区围堰 295.0m 高程以下爆破拆除主要爆材统计表

器材名称	使用范围	单位	数量	备注
炸药	φ32 乳化炸药	kg	1040	
	φ70 乳化炸药	kg	5000	
雷管	MS2 段	发	280	5m 脚线
	MS3 段	发	50	5m 脚线
	MS5 段	发	4	5m 脚线
	MS12 段	发	2	5m 脚线
	MS15 段	发	450	9m 脚线
	电雷管	发	2	起爆
导爆索		m	4000	
竹片		m	1954	
胶布	防水胶布	卷	500	

围堰爆破时，由于爆破体和周围保护物之间距离较近，因此需要严防爆破飞石对周围保护物的破坏。爆破防护分主动防护和被动防护，主动防护就是对爆破体本身进行防护，被动防护就是在保护物上面覆盖保护层进行防护。

主动防护有以下几点：

（1）严格控制装药量和堵塞长度及质量，加强孔口的堵塞，严谨不堵塞或堵塞不牢的爆破。

（2）设置合理的最大单段药量，通过对保护物的爆破安全控制标准的分析，提出合理的最大单段药量，通过控制单段药量达到控制爆破有害效应的目的。

（3）严格联网，起爆网络的防护是爆破成败的一个很重要环节，由专人联网，主管技术工程师负责网络的检查，接力雷管包裹保护固定在围堰上面。

被动防护有以下几点：

（1）混凝土围堰左侧消力池底板上铺设 1m 厚土石渣作为保护，右侧靠河水进行保护。

（2）对爆区表面进行覆盖。

（3）将人员和可移动设备撤至安全地带，无误后方可起爆。

（4）在有水的部位，对水下网路做好防护工作，防止水对起爆网路的损坏。

第三节　实际施工方案与施工方法的优点与缺点分析

根据纵向混凝土围堰的爆破拆除特点及现场爆破试验结果，采用减振槽开挖、预裂爆破、浅眼爆破、定向爆破多种综合控制爆破拆除技术，较好地解决了沙沱水电站纵向混凝土围堰的爆破拆除难题。

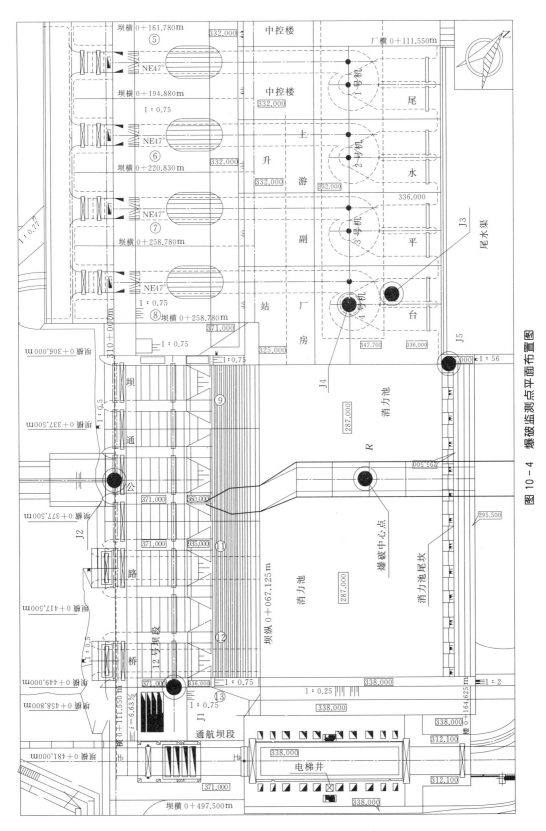

图 10-4 爆破监测点平面布置图

其优点有以下几点：

（1）纵向混凝土围堰实施爆破后，混凝土碎块基本原地坍塌，个别飞石控制在40m防护控制范围内。

（2）在12号坝段、帷幕廊道、厂房、4号机组及尾坎布置的爆破监测点平面图见图10-4，监测成果见表10-3。

根据爆破震测点监测分析，其中4号机组及厂房监测最大合成速度为1.870cm/s，振动主频为55Hz，；12号坝段、尾坎及帷幕廊道监测最大合成速度为3.238cm/s，振动主频为55Hz，根据爆破震动安全允许标准其震动速度未超安全允许标准，爆破过程未对建筑物产生破坏影响。

表10-3　　　　纵向混凝土围堰Ⅱ区爆破震动监测成果表

监测部位编号	爆破点中心坐标及高程/m	炸药量/kg		孔数/个	测点距爆破点距离/m	振动速度/(cm/s)			合成速度/(cm/s)	振动主频/Hz	振动时间/s	备注
		最大单响药量	总量			垂直	水平切向	水平径向				
J1	R6：X：359.249 Y：109.125 H：295.00	48	5800	179	126.13	0.052	0.066	0.098	0.098	10.376	1.566	12号坝段
J2					109.94	0.152	0.132	0.161	0.190	69.580	1.232	帷幕
J3					80.41	2.204	0.487	2.557	2.750	55.542	1.116	厂房
J4					75.73	0.992	1.763	1.706	1.870	29.296	1.232	4号机组
J5					62.23	2.165	1.736	3.051	3.238	54.931	1.163	尾坎

（3）爆破后预裂缝面清晰、明显，达到了设计预裂效果。

（4）爆破后，消力池护坦表面、尾坎、坝体溢流面等大坝永久混凝土建筑物完好，爆破达到了设计要求的效果。

缺点有以下几点：

（1）钻孔工作量较大。

（2）预留保护层处理难度大。

第四节　经验及体会

水电站纵向混凝土围堰爆破拆除关系到工程下闸蓄水后的泄洪安全，且均与永久建筑结构混凝土层面结合，拆除体附近的电站厂房右、坝体等均为永久建筑物，爆破震动、爆破飞石等控制难度大，通过采取一系列的爆破控制措施，确保了爆破的成功，主要经验及体会有以下几方面。

（1）采取了减振槽开挖、预裂爆破、浅眼爆破、定向爆破、冲击锤凿除等方法，降低了爆破震动，控制了飞石影响，有效保护了永久混凝土表面的完整性，发电机组的安全运行造成影响，表明确定的混凝土围堰爆破拆除程序、爆破方案及设计爆破参数是正确的，可为类似工程提供参考。

（2）爆破安全防护设计是合理的。

（3）在永久结构建筑物上进行爆破拆除，在精确控制爆破技术方面积累了成功的经验。

（4）结构建筑上的混凝土围堰爆破、挖装、运输难度大、工期紧，作为一项应急抢险任务进行组织实施，爆破后，组织挖装运设备，用4天时间完成了爆破及渣体装运至消力池以外的任务，确保了工程下闸后表孔安全泄洪，同时在爆破技术、装运设备配置、组织指挥方面为应急抢险提供了工程实战的经验。

附录 1 施 工 大 事 记

2007年12月6日，右岸截流（二期导截流）成功，大坝土建工程进入主体施工阶段。

2007年12月22日，工区受100年一遇的凝冻灾害，交通、供电中断，工地全线停工。

2008年3月15日，在14号坝段开浇大坝第一仓混凝土，标志大坝工程进入坝体混凝土施工阶段。

2008年11月2日，受流域强降雨影响，工区受枯期200年一遇超标洪水袭击，右岸基坑进水，施工停止。

2009年4月16日，右岸坝体形象面貌达到设计分流要求，导流底孔分流。

2009年4月17日，左岸（三期导截流）截流成功。

2011年7月16日，溢流闸墩混凝土开始陆续浇筑至设计高程371.0m，表孔闸门埋件开始安装。

2011年10月15日，溢流表孔开始第一扇弧形闸门门叶吊运安装。

2012年3月22日，完成6扇弧形闸门及1扇检修闸门的安装，表孔金属结构安装工程达到下闸蓄水面貌要求。

2012年10月26日，预留导流缺口（13号坝段）开始封堵混凝土施工。

2013年3月25日，13号（通航）坝段混凝土浇筑段浇筑至370.0m高程，达到设计下闸蓄水形象面貌要求。

2013年4月7日，13号（通航）坝段过坝渠道内上闸首检修闸门安装完成，达到设计下闸蓄水形象面貌要求。

2013年4月20日，导流底孔下闸成功，开始蓄水。

2013年5月8日，首台机组经试运行，正式并网发电。

2015年4月27日，通航建筑物升船机本体段（承船厢室）排架柱浇筑完毕，主体土建部分施工完成。

2015年4月29日，通航建筑物升船机下闸首检修闸门装完成。

2015年5月31日，大坝土建工程施工全部完成。

附录 2 主要科技成果

一、专业技术论文方面

依托沙沱水电站工程施工技术，公开发表了论文《纵向围堰水下混凝土施工技术》《基础岩溶通道堵漏施工技术》《大倾角皮带机在碾压混凝土运输中的研究与应用》《沙沱大坝碾压混凝土高温季节温控措施》《沙沱电站大倾角波状挡边带式输送机设计及计算》《沙沱电站大坝基础强岩溶矩阵式渗漏通道处理实践》《沙沱水电站溢流表孔弧形闸门安装技术应用研究》《场地受限条件下大跨度门式启闭机安装实例》《混凝土工程施工应急抢险技术应用》《混凝土围堰爆破拆除应急抢险技术》《沙沱水电站纵向混凝土Ⅱ区围堰爆破拆除技术》《沙沱水电站闸墩预应力锚索设计优化》《沙沱水电站大跨度双向门式启闭机安装实例》等二十余篇。

二、技术推广方面

制作完成了碾压混凝土施工示范录像、大型表孔闸门安装示范录像。

三、技术成果获奖方面

（1）《一种能输送碾压混凝土的大倾角波状挡边带式输送机》获 2012 年度中国电力建设科学技术成果二等奖。

（2）《大型表孔闸门快速安装技术研究及应用》获 2014 年度中国电力建设科学技术进步三等奖。

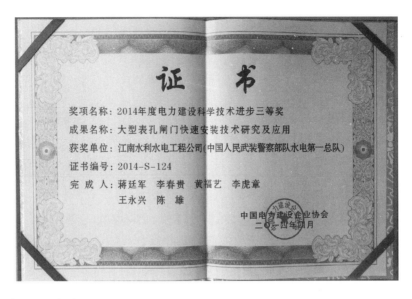

四、专利技术方面

《一种能输送碾压混凝土的大倾角波状挡边带式输送机》于 2011 年申请并获得了实用新型专利。